GALAXIEN

Text und Fotoauswahl von Timothy Ferris

Mit einem Vorwort von A. Tammann

Birkhäuser Verlag
Basel · Boston · Berlin

Umschlag
Voller Bewegung ist M83 (=NGC5236), typisch für die dynamischen Vorgänge, die in Spiralgalaxien auftreten.

Frontispiz
Der Spiralnebel NGC6744 ist 300 Millionen Lichtjahre von der Erde entfernt; eine Schwarzweiß-Photographie dieser Galaxie erscheint auf Seite 109.

Die Originalausgabe erschien unter dem Titel «Galaxies»,
bei Sierra Club Books
Published by arrangement with Sierra Club Books

Aus dem Amerikanischen übertragen von Anita Ehlers

6. Auflage 1996

Die Deutsche Bibliothek - CIP-Einheitsaufnahme

Galaxien / Text u. Fotoausw. von Timothy Ferris.
Mit e. Vorw. von A. Tammann [Aus d. Amerikan. übertr.
von Anita Ehlers. Information u. Photogr. Halton Arp
... Ill. Sarah Landry]. – 6. Aufl. – Basel ; Boston ;
Berlin : Birkhäuser, 1996.
Einheitssacht.: Galaxies <dt.>
ISBN 3-7643-1867-8
NE: Ferris, Timothy [Mitarb.]: EST

Birkhäuser Verlag, Postfach 133, CH-4010 Basel, Schweiz
Printed in Hongkong

ISBN 3-7643-1867-8

9 8 7

Über den Autor

Timothy Ferris ist Associate Professor für Englisch am Brooklyn College der City Universität von New York. T. Ferris ist durch seine Veröffentlichungen über Astronomie und Weltraumfahrt bekannt geworden. Sein erstes populäres Buch «The Red Limit: The Search for the Edge of the Universe» erhielt 1978 den Preis des American Institute of Physics. Für seine Berichterstattung in «Rolling Stone» über die Viking-Landung auf dem Mars wurde er mit dem ersten Preis der Aviation/Space Writers Association ausgezeichnet. Ferris hat außerdem maßgeblich an der Konzeption und Produktion jenes Bild-/Tonmediums mitgewirkt, das als Botschaft der Menschheit an außerirdische Zivilisationen 1977 an Bord der Voyager-Raumsonden auf eine interstellare Reise ging. Dieses Unternehmen ist in dem Buch «Signal der Erde» näher beschrieben, an dem Timothy Ferris als Mitverfasser beteiligt ist.

Vorwort

Es gibt kaum eine Wissenschaft, in der eine solche Kluft zwischen ihrem Bild in der Öffentlichkeit und ihren wirklichen Aufgaben und Zielen besteht, wie die Astronomie. Während weithin noch angenommen wird, die Astronomie begnüge sich damit, Sternbilder und neuentdeckte Sterne zu benennen, oder sie habe etwas mit den spekulativen Sumpfblüten der Astrologie zu tun, bemüht sich die astronomische Forschung heute um ein physikalisches Verständnis des Verhaltens der Materie in kosmischen Räumen und über sehr lange Zeiten: um die Entstehung, um den Aufbau und um das Ende von Sternen, von Sonnensystemen, von Galaxien und des Universums als Ganzem.

Die astronomische Forschung und die Öffentlichkeit einander näher zu bringen, ist eine außerordentlich wichtige Aufgabe, da die Astronomie in allen Kulturstaaten aus öffentlichen Mitteln unterstützt wird. Dementsprechend hat die Öffentlichkeit einen Anspruch auf einen Rechenschaftsbericht, dies um so mehr, weil gewisse astronomische Erkenntnisse praktische Bedeutung haben können, und weil sie in starkem Maße das Weltbild des modernen Menschen beeinflussen.

Die Schwierigkeit der Kommunikation zwischen Wissenschaftlern und der Öffentlichkeit liegt darin, daß jene eine weitgehend mathematische Fachsprache entwickelt haben, die zwar außerordentlich rationell und klar ist, die aber dem Nichtspezialisten ohne großen Zeitaufwand nicht mehr zugänglich ist. Es bedarf daher spezieller Mittler, die einerseits die Fachsprache in eine allgemein verständliche Sprache übersetzen und andererseits aus der Fülle von vorliegenden Einzelergebnissen die wichtigsten Grunderkenntnisse herauskristallisieren.

Für diese Mittlerrolle kommen vor allem zwei Berufsgruppen in Frage: die Wissenschaftler selber, die ein reich beladenes Fachwissen haben, die aber mit ihrer Fachsprache mehr oder weniger behaftet sind, und diejenigen, die die Alltagssprache in professioneller Weise beherrschen und benützen, wie etwa Schriftsteller und Journalisten, denen das unerläßliche wissenschaftliche Verständnis aber meistens fehlt.

Das Reizvolle an dem vorliegenden Buche ist, daß sein Autor, Timothy Ferris, als Englisch-Professor, Schriftsteller und Journalist die Sprache in wahrhaft professioneller, ja oft poetischer Weise beherrscht, und daß er die Aufgabe, sich in die moderne Astronomie mit ihren Ergebnissen und ihrer Denkweise einzuarbeiten, außerordentlich ernst genommen hat. Auf weiten Reisen und während oft wochenlangen Aufenthalten hat er an den großen Observatorien geweilt und mit unzähligen führenden Wissenschaftlern engen Kontakt aufgenommen. Er kennt und versteht nicht nur deren Ergebnisse, sondern er hat eine Gesamtschau der Astronomie gewonnen, um die ihn viele Spezialisten beneiden müssen.

Der Text, dessen Originaltät und Anschaulichkeit auch in der hier vorliegenden deutschen Übersetzung voll zum Tragen kommen, ist nur die eine Säule dieses Buches. Die Bilder liefern die andere. Der Autor hat mit großer Sorgfalt die schönsten astronomischen Photographien zusammengetragen, und er versteht es, als nicht nur profunder Kenner der Materie deren wissenschaftliche Aussagekraft zu erläutern, sondern auch als Künstler deren oft großartige Schönheit zu vermitteln.

Ich glaube, daß der interessierte Leser, der nicht die Einzelergebnisse der Astronomie kennenlernen will, sondern der eine umfassende Darstellung des Wesens der modernen Astronomie sucht, zu keinem besseren und im wahren Sinne des Wortes zu keinem schöneren Buch greifen kann.

Basel, 1983 *A. T.*

Dank

Dies sind die Namen einiger, die mich freundlicherweise bei *Galaxien* unterstützt haben. Da keiner von ihnen das Buch in seiner endgültigen Form gesehen hat, trägt der Verfasser allein die Verantwortung für Irrtümer oder Unzulänglichkeiten.

Information und Photographien
Halton Arp, Elly M. Berkhuijsen, Richard Berry, K. Alexander Brownlee, Lloyd Carter, S. Chandrasakhar, Mark R. Chartrand III, J. N. Clarke, James Cornell, A. G. de Bruyn, Terry Dickinson, Alan Dressler, Reginald Dufour, Vince Ford, Ken Franklin, Paul Gorenstein, J. Richard Gott III, Stephen T. Gottesman, John Graham, Edward J. Groth, B. W. Hadley, W. E. Harris, Eric B. Jensen, T. D. Kinman, Martha Liller, David Malin, Dennis Meredith, Simon Mitton, Richard Müller, Barry Newell, Rene Racine, Connie Rodriguez, D. H. Rogstad, Paul Routly, Ronald E. Royer, Vera Rubin, Allan Sandage, Jan Schafer, Malcolm Smith, Stephen Strom, Laird A. Thompson, Alar Toomre, Sindey van den Bergh, J. M. van der Hulst, Gerard de Vaucouleurs, Richard M. West, Fujiko Worrell, James D. Wray, Anglo-Australian Observatory, Astrophoto Laboratory, Australian National University, Brooklyn College der City Unversity of New York, California Institute of Technology, Cambridge University, Carnegie Institution of Washington, Cerro Tololo Inter-American Observatory, Dominion Astrophysical Observatory, European Southern Observatory, Griffith Observatory, Hale Observatories, Harvard College Observatory, Hayden Planetarium, Kitt Peak National Observatory, Lawrence Berkeley Laboratory of the University of California, Lick Observatory, Los Angeles Public Library, Max-Planck-Institut für Radioastronomie, McDonald Observatory, McMaster University, Mt. Stromlo and Siding Springs Observatories, New York Public Library, Princeton University, Rice University, Royal Observatory Edingburgh, Smithsonian Astrophysical Observatory, United States Naval Observatory, United States Naval Research Laboratory, Université de Montréal, University of Chicago, University of Florida, University of Minnesota, University of Texas at Austin, University of Toronto, Westerbork Radio Observatory.

Redaktionelle und fachliche Beratung
Timothy Crouse, Alan Dressler, J. Richard Gott III, Lynda Obst, Dennis Overbye, R. Bruce Partridge, Thomas M. Powers, Stephen Strom, Gerard de Vaucouleurs.

Unterstützung und Ermutigung
Jon Beckmann, Monica Brown, Jean B. Ferris, Wendy Goldwyn, Kathy Lowry, Lynda Obst, Bruce Porter, Thomas M. Powers, Delfina Rattazzi, Lisa Robinson, Allan Sandage, Alex Shoumatoff, Erica Spellman, Caroly Zecca.

Wissenschaftliche Beratung
Eileen Casey, Eustice Clarke, Juan de Jesus, Robert Ginsberg, Sandra Kitt, Judy Mitko, Terry Tammadge.

Illustrationen
Sarah Landry

Widmung
Den Astronomen überall

Inhalt

Einleitung

Nun gilt die Ansicht, als gleiche der Himmel einem üppigen Garten, der die große Mannigfaltigkeit von Erzeugnissen in verschiedenen blühenden Beeten enthält; und ein Vorteil, den wir wenigstens aus demselben einernten können, ist der, daß wir gleichsam den Schwung unserer Erfahrung auf eine unermeßliche Dauer ausdehnen können. Denn um das Gleichnis fortzusetzen, das ich aus dem Pflanzenreich geborgt habe, ist es nicht beinahe einerlei, ob wir fortleben, um nach und nach das Aussprossen, Blühen, Belauben, Fruchttragen, Verwelken, Verdorren und Verwesen einer Pflanze anzusehen, oder ob eine große Anzahl von Exemplaren – die aus jedem Zustande erlesen, den die Pflanze durchgeht – auf einmal uns vor Augen gebracht werde?

William Herschel

Wo sind wir?

Rebecca: Ich habe dir nie von dem Brief erzählt, den Jane Crofut von ihrem Pfarrer erhielt, als sie krank war. Er schrieb Jane einen Brief, und auf dem Umschlag stand: Jane Crofut, Crofut-Farm, Grover's Corners, Sutten Country, New Hampshire, Vereinigte Staaten von Amerika.
George: Was ist daran so komisch?
Rebecca: Warte, es ist noch nicht zu Ende. Vereinigte Staaten von Amerika, Nordamerikanischer Kontinent. Westliche Halbkugel. Erde. Sonnensystem. Weltall. Geist Gottes – das alles stand auf dem Briefumschlag.
George: Was du nicht sagst.
Rebecca: Und der Briefträger hat den Brief trotzdem gebracht.

Thornton Wilder

Kinder spielen seit eh und je das ‹Spiel der langen Adresse›. Wie alle bewährten Spiele hat es einen ernsten Hintergrund; es betrifft das Erwachsenwerden. Wir würden diese lange Adresse gern vollständig fehlerlos angeben können, ihre Phantasieelemente verbannen und diese durch Tatsachen ersetzen, so wie wir als Erwachsene das Mögliche durch das Wirkliche, die Erwartung durch die Gewißheit und uns selbst durch unsere Kinder ersetzen.

Wir sind diesem Ziel heute näher als je zuvor. Wir kennen uns aus auf unserem Planeten, wir haben den Bereich unseres menschlichen Gesichtsfeldes weit in den Kosmos hinein ausgedehnt und gefunden, daß unsere Welt nur eine von vielen Welten in einer von vielen Galaxien ist. So sehen wir das weite Universum in einem Maßstab, der seinem Aufbau angemessen ist, und wir können versuchen, die lange Adresse ernsthaft anzugeben. Gegenwärtig lautet sie etwa so:

Die Erde. Ein kleiner Planet, der die Sonne, einen gelben Zwergstern, umläuft.

Das Sonnensystem. Neun uns bekannte Planeten und eine Vielzahl kleinerer Körper, unter ihnen Kometen und Asteroiden, die alle die Sonne umlaufen. Die Erde, der dritte Planet von der Sonne aus, läuft auf einer Bahn mit einem Radius von etwa 150 Millionen Kilometern; Licht von der Sonne benötigt 8,3 Minuten, um diese Entfernung zurückzulegen, und so sagen wir, daß die Erde 8,3 Lichtminuten von der Sonne entfernt ist. Der äußerste der bekannten Planeten, Pluto, erreicht eine größte Entfernung von 5,9 Milliarden Kilometern oder etwas weniger als sieben Lichtstunden von der Sonne. Jenseits von Pluto liegt der Bereich der Kometen; werden sie berücksichtigt, so erhöht sich der Radius des Sonnensystems bis zu einigen Licht-Tagen.

Die Nachbarschaft der Sonne. Weniger als siebzehn Lichtjahre von der Sonne entfernt gibt es sechzig uns bekannte Sterne; der nächste ist 4,3 Lichtjahre entfernt. Die Nachbarschaft der Sonne ist von den Astronomen Peter van de Kamp und Sarah Lee Lippincott beschrieben worden als ‹etwa sechzig kleine Kugeln – Tennisbälle, Golfbälle, Murmeln und ein großer Anteil kleinerer Gegenstände –, die wie zufällig in einer Kugel von der Größe unserer Erde verteilt sind›. Die meisten dieser Nachbarsterne sind äußerst unauffällig. Trotz ihrer Nähe sind weniger als ein Dutzend – Sirius, Alpha Centauri, Procyon, Altair unter ihnen – hell genug, um mit bloßem Auge am nächtlichen Himmel gesehen werden zu können. Die meisten von ihnen leuchten nur schwach, wie Barnards Stern, Wolf 359 und BD $+36^\circ$ 2147. Hier wiederholt die Natur in unserer unmittelbaren kosmischen Umgebung eine Lektion, die Naturforschern, die sich mit Käfern oder Bakterien beschäftigen, gut bekannt ist: daß nämlich einige der unauffälligsten Bewohner der Schöpfung mit großer Wahrscheinlichkeit die zahlreichsten sind.

Umgebung des Orion-Arms. Das Sonnensystem liegt in der Nähe eines leuchtenden Spiralarms unseres Milchstraßensystems. Da die Sterne des Sternbildes Orion in diesem Arm ungefähr da liegen, wo er uns am nächsten ist, weniger als zweitausend Lichtjahre entfernt, haben wir ihn den Orion-Arm genannt. Der Arm ist kein Objekt, sondern die Umschreibung für ein Gebiet, in dem neue Sterne entstanden sind, die das interstellare Gas, das sie umgibt, erleuchtet haben – wie leuchtendes Plankton, das im Kielwasser eines Schiffes aufgewühlt wird.

Das Milchstraßensystem. Die Zusammenballung von Sternen, zu denen die Sonne gehört, ist eine große Spiralgalaxie: Ein riesiges, wirbelndes System von ungefähr 100 000 Lichtjahren Durchmesser, Heimat von über 100 Milliarden Sternen. Eine unvorstellbare Zahl. Wenn wir Expeditionen mit einer so phantastischen Geschwindigkeit aussenden würden, daß Tag und Nacht in jeder Stunde eine von ihnen einen neuen Stern in unserer Milchstraße erreichen würde, und das Jahr für Jahr, dann würden wir nach sechs Millionen Jahren etwas weniger als die Hälfte der Sterne in unserem Milchstraßensystem besucht haben; das ist eine Zeitspanne, die wesentlich größer ist als das heutige Alter der Menschheit. So groß ist unsere Galaxis, so überreich mit Sternen bevölkert, daß wohl kaum irgend jemand enttäuscht wäre, wenn sie sich als das ganze Weltall herausgestellt hätte. Aber sie ist nur *eine* von vielen Galaxien.

Die Lokale Gruppe von Galaxien. Die Lokale Gruppe ist ein kleiner Haufen von Galaxien, der durch die Schwerkraft zusammengehalten wird. Ein Paar großer Spiralgalaxien beherrscht sie, das Milchstraßensystem und der Andromedanebel. Ihr Radius beträgt ungefähr 3 Millionen Lichtjahre. Eine Karte der Gruppe ist auf den Seiten 84/85 abgebildet.

Der Lokale Superhaufen. Die Lokale Gruppe liegt nahe am Rand des Lokalen Superhaufens einer ungeheuren Ansammlung von Haufen von Galaxien, dessen Radius vielleicht 100 Millionen Lichtjahre mißt. Den lokalen Superhaufen betrachten wir im fünften Abschnitt dieses Buchs. Einige der Gruppen, die zu ihm gehören, sind auf Seite 153 abgebildet.

Das Universum. Die Bevölkerung des Universums wird auf 100 Milliarden Hauptgalaxien geschätzt; an der Glattheit dieser Zahl ist ihre Ungenauigkeit zu merken. Man sagt, das Universum dehne sich aus und entwickle sich. Mit Ausdehnung meinen wir, daß die Haufen von Galaxien mit einer Geschwindigkeit, die ihren Abständen proportional ist, voneinander wegfliegen; wenn wir diese Ausdehnung in der Zeit zurückverfolgen, können wir folgern, daß aller Stoff im Universum einmal bei sehr hoher Temperatur und sehr hoher Dichte zusammengedrängt war. Kurz, der Kosmos sah nicht immer so aus wie heute. Er hat sich in seiner Geschichte von etwa 18 Milliarden Jahren geändert und ändert sich auch heute ständig. Einmal war er in hohem Maße homogen und gleichförmig; jetzt hat er sich zu einer überraschenden Vielzahl von Formen entwickelt, zu denen Galaxien und ihre Sterne, Planeten und wir selbst gehören. Das meinen wir, wenn wir sagen, daß das Universum sich entwickelt. Weil Ausdehnung und Entwicklung Funktionen der Zeit sind, sollten wir bei unserer Form der langen Adresse die Zeit als Dimension hinzufügen. Wenn wir das tun, heißt sie so:

Die Erde
Das Sonnensystem
Die Nachbarschaft der Sonne
Die Umgebung des Orion-Arms
Das Milchstraßensystem
Die Lokale Gruppe von Galaxien
Der Lokale Superhaufen
Das Universum, etwa achtzehn Milliarden Jahre, nachdem es begann, sich auszudehnen

Zu diesem Zeitpunkt beginnt auf unserem Planeten die Gattung Homo sapiens, die Galaxien zu erforschen und zu entdekken.

Die Entdeckung der Galaxien

Heute, nachdem wir wissen, daß das Universum erforschbar ist, daß unsere Teleskope Millionen von Galaxien in Entfernungen von Millionen von Lichtjahren untersuchen können, sind wir versucht, mit unseren Vorgängern unzufrieden zu sein, weil sie kosmologischen Lehren anhingen, die – wie wir heute zum Teil dank ihrer eigenen Bemühungen wissen – ungenau waren. Sie standen riesigen Problemen gegenüber. Werfen wir deshalb einen kurzen Blick auf die Entdeckungsgeschichte der Galaxien.

Obwohl sie mit dem Licht von vielen Milliarden Sonnen leuchten, sind die meisten Galaxien so weit entfernt, daß sie nur schwach scheinen. Nur drei Galaxien sind von der Erde aus mit dem bloßen Auge zu sehen. Das sind die beiden Magellanschen Wolken, die am Südhimmel liegen, und der Andromedanebel, dessen zarter Schimmer von einem Beobachter im siebzehnten Jahrhundert zutreffend als ‹Kerzenlicht, das durch ein Horn scheint› beschrieben wurde. Dutzende von Galaxien kann man durch ein kleines Teleskop sehen. Aber weil sie so weit entfernt sind, können sie nicht leicht in die Milliarden von Sternen aufgelöst werden, aus denen sie bestehen. Nur wenn Riesenteleskope mit Kameras und raffinierten Geräten wie dem Spektroskop eingesetzt werden, können die Sterne entfernter Galaxien unterschieden und untersucht werden. Aus diesem Grund wurden die Galaxien erst im zwanzigsten Jahrhundert entdeckt – das heißt, als das erkannt, was sie sind. Davor wurde die Groß-Raum-Struktur des Universums vor allem durch das Studium unserer Milchstraße erforscht, so wie ein Stadtbewohner generell etwas über das Wesen von Städten lernt, wenn er nur die Stadt untersucht, in der er wohnt.

Die Milchstraße, die Scheibe unserer Galaxie, wie wir sie aus unserer Perspektive in der Scheibe sehen, setzt sich aus einer Vielzahl von Sternen zusammen, die so weit entfernt sind, daß unsere Augen sie nicht auflösen können. Wir sehen da nur ein schimmerndes Lichtband. Schon zu Demokrits Zeit sannen Beobachter darüber nach, ob die Milchstraße aus Sternen bestehe, aber erst als Galileo ein Fernrohr zum Himmel richtete, konnte diese Vermutung bestätigt werden. ‹Die Galaxis ist nichts anderes als eine Menge leuchtender Sterne›, schrieb Galileo. Er erzählte Milton davon, der dann in seinem *Verlorenen Paradies* sagt: ‹Die Galaxie, die Milchstraße dort/die nächtlich dir erscheint als wie ein Gürtelrund/mit Sternen übersät ...›

Galileos Beobachtungen markierten den Anfang vom Ende der rein spekulativen Kosmologie. Vor der Erfindung des Teleskops, als die Kenntnis von den Sternen auf das beschränkt war, was man mit dem bloßen Auge sehen konnte, mußte jede

Theorie des Universums mehr oder weniger aus der Phantasie erschaffen und als eine Schöpfung der Vorstellungskraft beurteilt werden. Kopernikus selbst war Teil dieser Tradition, als er auf seinem Totenbett der Veröffentlichung einer Kosmologie zustimmte, die sich die Erde als die Sonne umkreisend vorstellte, denn zu jener Zeit paßten die Daten über die Planetenbewegungen zur Kopernikanischen Lehre nicht besser als zur Kosmologie des Ptolemäus, der die Erde im Zentrum sah. Die Tradition der spekulativen Kosmologie starb auch keineswegs mit Galileo aus. Sie bestand zumindest bis ins achtzehnte Jahrhundert weiter, als sie sich in den Spekulationen des jungen Kant einer barocken Blütezeit erfreute.

In dem Jahrhundert zwischen Galileos Tod und Kants Jugend hatten mehrere Beobachter mit ihren Fernrohren nur ungenau bestimmte leuchtende Flecken wahrgenommen, die sie ‹Nebel› nannten. Heute wissen wir, daß mit diesem Ausdruck eine Menge verschiedener Objekte in einen Topf geworfen worden waren. Die meisten gehörten zu unserer Galaxis; unter ihnen waren Gaswolken, die von Sternen in ihrem Innern erleuchtet wurden, Gas-Schalen, die alternde Sterne ausgestoßen hatten, einige ununterscheidbare Sterne in Sternhaufen. Aber einige – die Spiralnebel – waren selbst Galaxien, unabhängig von der Milchstraße.

Es war Kant, der richtig vermutete, daß die Spiralnebel Galaxien wären. Als Dreißigjähriger schrieb er 1755: ‹Wenn ein System von Fixsternen, welche in ihren Lagen sich auf eine gemeinschaftliche Fläche beziehen – so wie wir auch die Milchstraße beschreiben –, so weit von uns entfernt ist, daß alle Kenntlichkeit der einzelnen Sterne, daraus es besteht, sogar dem Sehrohre nicht mehr empfindlich ist, wenn eine solche Welt von Fixsternen in einem so unermeßlichen Abstand zum Auge des Beobachters, das sich außerhalb derselben befindet, angeschauet wird, so wird dieselbe unter einem kleinen Winkel als ein mit schwachem Lichte erleuchtetes Räumchen erscheinen, dessen Figur zirkelrund sein wird, wenn seine Fläche sich dem Auge geradezu darbietet, und elliptisch, wenn es von der Seite gesehen wird. Die Schwäche des Lichts, die Figur und die kennbare Größe des Durchmessers werden ein solches Phänomen, wenn es vorhanden ist, von allen Sternen, die einzeln gesehen werden, gar deutlich unterscheiden.› Mit keinem Wort könnte diese Beschreibung der Spiralnebel verbessert werden.

Kants kosmologische Spekulationen, die er anonym bei einem Verlag veröffentlichte, der prompt bankrott machte, wurden zu seiner Zeit nicht beachtet. Selbst wenn seine Theorie Aufmerksamkeit erregt hätte, so wäre zu jener Zeit eine Überprüfung durch direkte Beobachtung nicht möglich gewesen. Die enorm verbesserten Fernrohre und andere Instrumente, die den Wissenschaftlern heute zur Verfügung stehen, erlauben es, kosmologische Vermutungen durch direkte Beobachtung zu überprüfen. Der technologischeFortschritt, der dies ermöglicht hat, läßt sich in drei Kategorien zusammenfassen: Die Verwendung des Spektroskops zum Studium der Physik der Sterne, die Entwicklung von Präzisionsteleskopen, mit denen die Entfernungen benachbarter Sterne gemessen werden können, und der Bau riesiger Teleskope mit einer Fähigkeit, Licht einzufangen, die der Aufgabe, weit entfernte Galaxien zu erforschen, gerecht werden können.

Das Spektroskop ermöglicht es den Forschern, die Anatomie des Lichts zu untersuchen. Das Spektrum, das es herstellt, könnte mit einer Partitur verglichen werden, die der Dirigent benutzt, um den Teil, den jeder einzelne Musiker in einem Orchester spielt, verfolgen zu können. Die Atome eines jeden Elements erzeugen Energie innerhalb eines charakteristischen Frequenzbereichs wie die Instrumente eines Orchesters, und innerhalb dieses Bereichs spielt jedes Atom eine Vielfalt von Melodien und Harmonien. Wenn man diese genau untersucht, kann man enorm viel über den Zustand der Atome und ihrer Umgebung lernen. Wenn sich ein Stern so bewegt, daß sich sein Abstand von uns ändert, so ändert sich auch die Frequenz der Töne, die ein jedes seiner Atome spielt: Sie ist zu einer höheren Frequenz hin verschoben, wenn er sich auf uns zu bewegt, und zu einer niedrigeren, wenn er sich von uns weg bewegt – sehr ähnlich einem Martinshorn, das verschieden klingt, wenn das Auto sich uns nähert oder wegfährt. Durch die Untersuchung dieser Erscheinung, die Dopplereffekt genannt wird, können Astronomen bestimmen, wie schnell ein Stern sich dreht, wie schnell er sich im Raum bewegt, sie können das Ausmaß der aufwallenden Bewegungen innerhalb einer umgebenden interstellaren Wolke, die Geschwindigkeit von Sternen in ihren Bahnen in anderen Galaxien und die Geschwindigkeit von Galaxien bei der allgemeinen Ausdehnung des Universums ermitteln. Der Nutzen der Spektroskopie ist fast unbegrenzt.

Ebenso, wie die Spektroskopie geholfen hat, die alte Frage zu beantworten, woraus die Sterne bestehen, so wurde die gleichermaßen grundlegende Frage nach den Entfernungen der Sterne durch das Aufkommen der Präzisionsastronomie im neunzehnten und zwanzigsten Jahrhundert mittels der Parallaxenmethode zu beantworten versucht. Das Grundprinzip der Parallaxe ist, daß die Entfernung zu einem nahen Stern gemessen werden kann, wenn wir ihn aus verschiedenen Blickwinkeln betrachten. Strecken Sie Ihren Arm aus, schließen Sie Ihr linkes Auge und betrachten Sie den Zeigefinger vor einem entfernten Hintergrund; schließen Sie dann Ihr rechtes Auge und öffnen Sie das linke, und Sie bemerken eine scheinbare Verschiebung der Position Ihres Fingers: das ist Parallaxe. In der Astrometrie – der genauen Messung der scheinbaren Positionen der Sterne – kann die Verschiebung der Perspektive dadurch erreicht werden, daß man zwei Photographien eines nahen Sterns vergleicht, die im Abstand von sechs Monaten gemacht wurden; das ist genug Zeit für die Erde, sich um ca. 300 Millionen Kilometer zu verschieben. Damit wird unser Blickwinkel, in dem wir den Stern sehen, so geändert, wie sich unsere Perspektive des Fingers änderte, als wir ihn abwechselnd mit dem linken und dem rechten Auge betrachteten. Der Durchmesser der Erdbahn ist gemessen am Standard der Sterne keine sehr große Entfernung, und Astronomen, die im Grenzbereich dieser Parallaxenmethode arbeiten, müssen Verschiebungen der Perspektive messen, die so winzig sind, wie die, die wir an unserem Finger beobachten würden, wenn er eintausend Kilometer entfernt wäre. Aber da mit extremer Präzision gemessen wird, können wir die Entfernungen von Sternen einigermaßen genau bestimmen, die bis zu einigen hundert Lichtjahren entfernt sind.

Entfernungen, die größer sind als wenige hundert Lichtjahre, werden gewöhnlich durch eine Abschätzung der Eigenhelligkeit eines Sterns bestimmt – sie wird als die absolute Helligkeit bezeichnet – und durch einen Vergleich dieses Wertes mit der scheinbaren Helligkeit am Himmel, die auch scheinbare Größe genannt wird. Die scheinbare Helligkeit eines Sterns oder eines anderen astronomischen Objekts nimmt mit dem Quadrat der Entfernung ab, deshalb ist es leicht, die Entfernung eines Sterns zu bestimmen, wenn man weiß, wie hell er wirklich ist.

Die Astronomen haben eine Vielzahl geistreicher Verfahren entwickelt, die absolute Helligkeit von Sternen abzuschätzen; meistens gehen sie dabei von nahen Sternen aus, deren Entfernungen mit der Parallaxenmethode betimmt werden konnten. Die Natur tat ihnen einen Gefallen, als sie veränderliche Sterne schuf, deren Periode der Helligkeitsveränderung direkt mit ihrer absoluten Helligkeit zusammenhängt. Wenn man die absolute Helligkeit von nur einigen dieser veränderlichen Sterne kennt, kann man ihre ‹Vettern› als Entfernungsanzeiger tief im Innern des Raums benutzen. In dieser Hinsicht sind ganz besonders die Veränderlichen vom Typ der Cepheiden hilfreich; sie sind so hell, daß sie auch in Galaxien weit außerhalb unserer Milchstraße identifiziert werden können. Cepheiden verändern ihre Helligkeiten in Intervallen, die so kurz wie ein Tag und so lang wie siebzig oder mehr Tage sein können. Die Periode eines Sterns verrät seine absolute Helligkeit. Seine Entfernung kann dann aus einem Vergleich der absoluten mit der scheinbaren Helligkeit hergeleitet werden. Die Entfernungen zu einigen unserer Nachbargalaxien, so zu den riesigen Spiralen M81 und zum Andromedanebel, sind durch die Untersuchung ihrer Cepheiden abgeschätzt worden.

Aber Cepheiden können mit unseren Fernrohren nicht in Entfernungen von über zehn Millionen Lichtjahren entdeckt werden. Um weiter hinaus zu kommen, messen Astronomen die Größe und die Helligkeit von leuchtenden Gaswolken und Haufen von hell scheinenden Überriesen in Galaxien und schätzen dann die Entfernungen dieser Galaxien unter der Annahme, daß diese ‹Bewohner› anderer Galaxien ihresgleichen in der Milchstraße ähneln. Sternexplosionen von Novae und Supernovae können auch in entfernten Galaxien beobachtet und mit anderen Schätzungen verglichen werden.

Jenseits von wenigen zehn Millionen Lichtjahren schwindet die Wirksamkeit dieser Methoden dahin, und die Astronomen kommen wieder zurück zu Helligkeit und Abstand ganzer Galaxien als Index für ihre Entfernung. Dabei nehmen sie an, daß die hellste Spirale in jedem Haufen von Galaxien im Mittel sich als vergleichbar mit einer hellen Spirale wie dem Andromedanebel in unserer Lokalen Gruppe erweist.

Schließlich: die Galaxienhaufen rasen auseinander, da sich das Weltall ausdehnt; ihre Geschwindigkeiten können durch die Messung der Dopplerverschiebung in ihren Lichtspektren bestimmt werden. Je weiter ein bestimmter Haufen von Galaxien entfernt ist, um so schneller entweicht er in der Ausdehnung des Universums. (Dies wird im fünften Kapitel ausführlicher besprochen.) So können Entfernungen von Galaxien, die Hunderte von Millionen oder sogar Milliarden Lichtjahre entfernt sind, aus ihrer Fluchtgeschwindigkeit erschlossen werden.

Daß wir eine entfernte Galaxie überhaupt beobachten können, sogar ihre Entfernung bestimmen, die Zusammensetzung ihrer Sterne und interstellarer Wolken untersuchen, ihre Umdrehungsgeschwindigkeit messen und daraus ihre Masse abschätzen und sie mit einer Genauigkeit auf einer Karte verzeichnen, die noch vor einem Jahrhundert wenige Wissenschaftler für möglich gehalten hätten – all das ist hauptsächlich der Entwicklung der großen Teleskope zuzuschreiben. Anders als ihre Kollegen in anderen physikalischen Wissenschaften können die Astronomen nicht mit den Objekten, die sie interessieren, herumprobieren, sie zerlegen und Experimente anstellen. Sternenlicht ergießt sich über die Erde, ein wahrhaft sanfter Regen. Alles, was der Astronom tun kann, ist, ein bißchen davon einzusammeln, es in einen Brennpunkt zu bringen und es einer Prüfung zu unterwerfen – mit dem Spektroskop, dem Photometer, der photographischen Platte oder dem elektronischen Detektor. Je mehr kosmische Energie gesammelt werden kann, um so besser, ob nun in der Form von sichtbarem, infrarotem oder ultraviolettem Licht, natürlicher Radiostrahlung oder den hochfrequenten Energien kosmischer Strahlen, Röntgenstrahlen und Gammastrahlen. In unserem Jahrhundert wurde mehr kosmische Strahlung gesammelt und analysiert als in der ganzen Geschichte der Menschheit davor. Diese Entwicklung hat mehr als jede andere unser Wissen und unser Bewußtsein für ein umfassenderes Verständnis der Dinge erweitert.

Zur Vorhut dieser wissenschaftlichen Revolution gehörte die Konstruktion der großen Teleskope an den Mount-Wilson- und Mount-Palomar-Observatorien in Kalifornien durch den amerikanischen Astronomen George Ellery Hale. Auf Mount Wilson gelang es Harlow Shapley zu zeigen, daß die Sonne nicht nahe am Zentrum der Milchstraße ist, wie viele gedacht hatten, sondern eher am Rande der Scheibe. Auf Mount Wilson stellte Edwin Hubble 1924 fest, daß es Galaxien außerhalb der unseren gibt und daß ihre Sterne denen, die in unserer Galaxis gefunden werden, ähnlich sind. Auf diese Weise wurden Fragen, die sich auf die Existenz von Galaxien und unseren Standort in der Milchstraße beziehen, aus dem Bereich der Spekulation in den Bereich überprüfbarer Tatsachen gerückt.

Die Arbeiten von Shapley, Hubble und ihren Kollegen offenbarten zwei wesentliche Tatsachen über das Wesen der Natur im Großen. Die erste ist, daß das Weltall weit größer und variationsreicher ist, als man sich früher vorstellte. Die andere ist, daß die atemberaubende Ausdehnung und Mannigfaltigkeit des Universums sich innerhalb der Beschränkungen der Naturprinzipien – wir nennen sie Naturgesetze – entwickelte, die die gleichen sind wie hier auf der Erde. Die Natur hält sich überall an dieselben Spielregeln, und wenn wir diese Regeln kennen, können wir überall von ihr lernen.

Dieser zweite Grundsatz machte die Astrophysik erst möglich – die Übertragung physikalischer Grundsätze, die in Laboratorien hier auf der Erde gelernt wurden, auf Erscheinungen außerhalb der Erde. Wir können die Masse von Galaxien aus ihrer Rotationsgeschwindigkeit abschätzen und aus ihren Wechselwirkungen untereinander, weil sie denselben Grundsätzen gehorchen – Grundsätze, die Newton und Einstein erläuterten –, wie es fallende Äpfel auf der Erde und auch die Planeten auf ihren Bahnen im Sonnensystem tun. Wir können die Zusammensetzung entfernter Sterne bestimmen, weil sie aus der gleichen Art von Atomen zusammengesetzt sind wie die, die wir hier auf der Erde oder in der Sonne finden.

Eine dritte grundlegende Entdeckung der Astronomie des zwanzigsten Jahrhunderts ist die der Expansion des Universums gewesen und das, was man seine Entwicklung nennen könnte. Im Jahr 1929 entdeckte Hubble teilweise auf Grund von Daten, die sein Kollege Vesto Slipher zur Verfügung stellte, daß weit entfernte Galaxien voneinander wegrasen. Weitere Verbesserungen der Messungen der Expansionsrate haben zu den neueren Schätzungen von ungefähr 18 bis 20 Milliarden Jahren seit Beginn der Ausdehnung geführt. Indirekte Bestätigung für diese Zeitskala ergab sich aus der Abschätzung des Alters der ältesten Sterne auf etwa 15 Milliarden Jahre durch die Astrophysiker und aus der Entdeckung der kosmischen Radiohintergrundstrahlung durch die Radioastronomen; diese Hintergrundstrahlung ist ein Energierest, der von dem ungestümen Augenblick übrigblieb, an dem die Expansion begann, und deren Kennzeichen gut zu einem sich seit 18 oder 20 Milliarden Jahren ausdehnenden Weltall passen.

Die Evolution, ein Wort, das mit Mehrdeutigkeit befrachtet ist, kommt dann ins Spiel, wenn wir betrachten, wie Mannigfaltigkeit und Vielfalt des Kosmos im Lauf der Zeit zugenommen haben. Im Augenblick des ‹Urknalls› war jede beliebige Probe des Stoffs, aus dem der Kosmos bestand, jeder anderen sehr ähnlich gewesen – es war im wesentlichen ein Klumpen reiner Energie. Bald nachdem die Ausdehnung begann, kühlte ein großer Teil dieser Energie ab und bildete die Urelemente Wasserstoff und Helium, so daß eine Probe davon schon eine größere Vielfalt von Teilchen enthalten hätte – Wasserstoff, Helium und Photonen von Energie –, aber die Ähnlichkeit der Zusammensetzung wäre doch sehr groß. Heute ist die Mannigfaltigkeit des Kosmos so groß, daß es sicher richtig ist zu sagen, daß wir noch gar nicht damit begonnen haben, ihn uns vorzustellen, geschweige denn ihn zu beobachten. Es gibt Milliarden von Galaxien, jede hat eine myriadenfache Vielfalt von Sternen und unzählige Planeten, deren Verschiedenheit im einzelnen vielleicht mit der Mannigfaltigkeit des Lebens auf der Erde und unserer menschlichen Gedanken über den Kosmos verglichen werden kann. Ein ‹Löffel›, der heute beliebig aus dem Kosmos geschöpft würde, könnte leeren Raum enthalten, die Alkoholmoleküle einer interstellaren Wolke, einen trockenen eisigen Schneeball, wie man sie auf dem Mars findet, ein Hasenbein oder Wörter aus einem Buch. Wir sehen das Weltall heute als ein dynamisches System, in dem die menschliche Evolution einen kleinen, aber sicherlich nicht mißtönenden Teil spielt. Herschels Vision von sternenreichen Gärten, in denen wir alle Arten von Planeten in ihren verschiedenen Lebensaltern finden, schien der Wahrheit niemals näher zu sein.

Zu den Photographien

Schriftsteller, die über die Naturwissenschaft einzig wegen ihrer Ergebnisse berichten, sind wie Jäger, die Leoparden allein wegen ihres Fells jagen. Ich mache mich in diesem Buch gerade solch einer Berichterstattung schuldig. Ich habe die Ergebnisse der Naturwissenschaften dargestellt und wenig von den Astronomen und Astrophysikern geredet, deren Arbeit diese Ergebnisse hervorgebracht hat und die dieses Buch ermöglichten. Ich hoffe, daß sie dies nicht als Undankbarkeit auslegen. Mein Ziel ist es gewesen, uns Mut zu machen, die Galaxien direkt anzusehen, ein Gefühl dafür zu bekommen, daß sie nicht nur Muster sind, die für die wissenschaftliche Forschung so eingerichtet sind, sondern daß sie Teil – der größte Teil – der natürlichen Welt sind, so wirklich und unserer Aufmerksamkeit würdig, wie wir als ihre Betrachter es sind. Um das tun zu können, mußte ich den wissenschaftlichen Fortschritt als ein Fenster ansehen, von dem aus man die Galaxien betrachten kann, und nicht mehr. Ich habe versucht, dies Fenster so klar zu machen, daß wir gelegentlich vergessen können, daß es da ist.

Die Photographien in diesem Buch wurden mit wenigen Ausnahmen von Astronomen gemacht, die dazu einige der größten Teleskope in verschiedenen Observatorien rund um die Welt benutzten. Die Namen dieser Observatorien stehen auf Seite 6. Es gibt viele Methoden, Galaxien anders als mit Photographien im sichtbaren Wellenbereich abzubilden, aber wir Menschen sind sehr stark auf unseren Gesichtssinn bezogen, und deshalb habe ich die nichtoptischen Abbildungen auf wenige Radio-Bilder von Galaxien und das Röntgenbild eines Quasars in Kapitel V beschränkt.

Die Photographien sind Zeitaufnahmen, die man erhält, indem man das Teleskop auf eine Galaxie richtet und eine photographische Platte bis zu einigen Stunden lang belichtet, während deren das Sternenlicht in die photographische Emulsion eindringen kann. Während dieser Zeit gleicht ein Drehmechanismus die Rotation der Erde aus und richtet das Teleskop auf die Galaxie aus; der Astronom oder in einigen Fällen ein automatisches Führungssystem bringen dann winzige Korrekturen an, um die Brechung des Lichts in der Atmosphäre und Ungenauigkeiten im Drehmechanismus zu kompensieren.

Die so erhaltenen Photographien stellen unweigerlich verschiedene Kompromisse dar. Ein Kompromiß liegt in der Entscheidung über die Belichtungsdauer. Die inneren Teile eines Spiralnebels haben eine viel höhere Sterndichte und sind deshalb viel heller als die Scheiben. Eine Photographie, die die Spiralarme in den Einzelheiten zeigt, läßt darum den Bereich im Mittelpunkt überbelichtet erscheinen, während eine Photographie, die gemacht wurde, um das Gebiet um den Mittelpunkt zu untersuchen, nur wenig von den Spiralarmen stehen lassen wird. Man kann dies ausgleichen, wenn man zwei Aufnahmen macht, eine für die Arme und eine für das mittlere Gebiet, und sie dann zusammensetzt, aber das Ergebnis wird nur einen ungenauen Eindruck der Helligkeitsverteilung der Galaxie geben. Ein anderer Kompromiß hat mit der Farbempfindlichkeit des gewählten Films zu tun: ein Film, der vorzugsweise für das rote Ende des Spektrums empfindlich ist, wird die rötlichen hellen Nebel, die in der Milchstraße liegen, besser abbilden, während ein blauempfindlicher Film die Wolken unterdrückt, aber die jungen Sterne, die darin liegen, betont. Astronomische Photographie enthält wie jede Photographie etwas Impressionistisches. An einigen wenigen Punkten habe ich mich bemüht, diese Beschränkungen auszugleichen, indem ich mehrere Photographien derselben Galaxie zeige, die in verschiedenen Wellenlängen des Lichts aufgenommen wurden, wie bei M82 (Seite 136), oder indem ich genaue Photographien spezieller Gebiete einer Galaxie darbiete wie beim Andromedanebel (Seiten 77–79).

Die Farbphotos wurden in den meisten Fällen durch die Belichtung von drei Schwarzweißplatten hergestellt, von denen jede durch Filter auf einen Bereich des Spektrums beschränkt war; sie wurden dann zum fertigen Dreifarbendruck zusammengesetzt. Die Farben der Galaxien kann das menschliche Auge nicht direkt wahrnehmen, nicht einmal mit Hilfe der größten existierenden Teleskope, denn ihr Licht ist zu schwach, als daß es die Farbempfänger der Retina anregen könnte. Und es können sich, da unvermeidlich etwas menschliches Urteil zur Herstellung und Vervielfältigung von Farbphotos hinzukommt, kleine Unterschiede im Farbgleichgewicht ergeben, wenn zwei Beobachter Farbbilder derselben Galaxie herstellen. Aber die Farben selbst sind real, und die Photographien stellen die besten Ergebnisse der Astronomie dar, sie getreu wiederzugeben.

Galaxien und menschliches Denken

Die Untersuchung der Galaxien durch den Menschen hat kaum begonnen. Jemand, der hundert Jahre später liest, was wir über Galaxien dachten, wird zweifellos vieles davon entstellt, unausgereift oder schlicht falsch finden. Eine Abbildung wie die auf Seite 42, die es wagt, die Umgebung der Sonne in unserem Viertel der Milchstraße herauszugreifen, könnte dann so überholt aussehen, wie für uns heute eine Karte der neuen Welt aus dem sechzehnten Jahrhundert mit ihren vielen Fehlern und großen weißen Flecken der *terra incognita.* Wenn unsere Nachkommen über unser Unwissen lächeln, müssen sie uns immerhin zugestehen, daß dieser Stand unseres Wissens unseren besten Bemühungen und Möglichkeiten entsprach.

Wenn sie an unser Jahrhundert zurückdenken, werden sie wohl nachsichtig mit uns sein und daran denken, daß die Entdeckung der Galaxien und der Größe und Vielfalt des Kosmos ein ziemlicher Schock für uns war. Wir haben den Kosmos unserer Vorfahren verloren, in dem der Himmel wie eine Wolldekke um die Welt gewickelt war und wir in einer Welt lebten, die für uns allein gemacht schien. Es war nicht leicht für uns, zu erkennen und zu bejahen, daß viele Himmel viele Welten umspannen, daß es die Galaxien, die diese Welten beherbergen, wirklich gibt, daß ihre feurigen Sterne und Planeten und die geisterhaften Wolken, die zwischen ihnen schweben, genauso Teil der Natur sind wie eine sonnenbeschienene Wiese hier auf der Erde. Es ist nicht überraschend, daß viele von uns sich nach der Sicherheit der älteren Kosmologien sehnen und daß aus dieser Nostalgie heraus Skepsis und Unzufriedenheit den neuen Erkenntnissen gegenüber entstanden sind. Eine dieser

Reaktionen betrifft unseren Platz im Weltall: Manche können nur schwer verwinden, daß wir von dem Bild der Erde als Thron im Mittelpunkt des Weltalls abgerückt sind. Eine andere Reaktion betrifft die neue Dimension: Wie können wir kleinen Geschöpfe unsere Selbstachtung behalten, wenn wir der unvorstellbaren Größe des gesamten Weltalls ausgesetzt sind? Eine dritte betrifft das Moment der Veränderung: Wenn die Erde, Sterne und Galaxien geboren wurden, sich ändern und eines Tages sterben werden, worauf können wir dann unseren Glauben bauen?

Wir könnten versucht sein, diese Einwände mit dem Argument zurückzuweisen, daß es nicht wichtig ist, wie wir uns in bezug auf die Galaxien fühlen, daß ihre Existenz eine Tatsache ist und daß wir diese Tatsache akzeptieren sollten, da ja das Geheimnis alles Lernens die Wahrheitsliebe sei. Aber die Existenz dieser Gefühle ist auch eine Tatsache, und die meisten von uns teilen sie in gewissem Maße. Wirklich töricht ist einer nur, der sich mit Galaxien beschäftigt und überhaupt kein Gefühl für diese Entwurzelung und Einengung hat und bei ihrem Anblick keinen Schwindel bekommt.

Was unseren Platz angeht: Es stimmt, daß wir nicht die Mitte des Weltalls einnehmen. Es sieht so aus, *als ob es keinen Mittelpunkt des Weltalls gibt,* außer vielleicht in dem in hohem Maße technischen Sinn eines Nullpunkts, den man im Fluß der kosmischen Hintergrundstrahlung erkennen kann. Und wenn eine solche Mitte bestimmt werden könnte, so gäbe es kaum einen Grund, warum man dort leben möchte. Darüber hinaus ist es gar nicht klar, wofür unsere Vorstellung, im Zentrum der Dinge zu sein, eigentlich gut sein sollte; die Mitte der Welt war zum Beispiel in der christlichen Kosmologie nicht von Gott oder den Engeln besetzt, sondern vom Satan.

Das Weltall ist, so wird uns jetzt klar, sehr unparteiisch, was den Ort betrifft. Die Sicht ist von fast überall großartig. Wenn die Sonne in einer anderen Galaxie läge, so könnten wir das Weltall genauso leicht beobachten und solche Galaxien wie die in diesem Buch abgebildeten photographieren, und auf einer Seite würde dann das Milchstraßensystem abgebildet sein. Hier sind wir im Sonnensystem, ein Begleiter am Arm eines wunderbaren Spiralnebels; sicherlich ist das kein Grund zur Klage.

Was die Dimension betrifft: Es stimmt, daß wir im Vergleich zum Weltall winzig sind: *Alles* ist winzig im Vergleich mit dem Kosmos – sogar eine Galaxie ist nur eine unter Milliarden – und sich darüber zu verdrießen, heißt Größe mit Status verwechseln. Wir sind gut beraten, wenn wir uns von der Größe allein nicht beeindrucken lassen und wenn wir die Lehre von Lao Tse, Aristoteles, Leonardo und Darwin beherzigen, die sagen, daß wir weniger oft die Wahrheit erlangen, wenn wir nach dem Großen streben, als wenn wir das Kleine genau untersuchen. Der menschliche Körper ist eine Galaxie für eine Mikrobe, aber ohne Mikroben würde unser Körper nicht eine Stunde lang leben können. Wenn wir Ehrfurcht fühlen, sollten wir sie nicht vor Dimensionen, sondern vor dem Sein haben – und das Sein teilen wir mit den Galaxien selbst.

Was die Veränderung betrifft: Die Sterne, die früher einmal als Symbole für Beständigkeit angesehen wurden, sind siedendheiße Feuerbälle, die einer sich verändernden Galaxie in einem sich verändernden Weltall entlangrollen, und diese Vorstellung ist sicher beunruhigend. Aber das war das frühere Bild eines unveränderlichen Kosmos auch. Als der Himmel ewig und unveränderlich schien, war die Versuchung groß, das Durcheinander menschlicher Angelegenheiten als grundsätzlich verschieden vom Gang der Natur zu betrachten. Auf der Erde leben zu müssen, bedeutete, zu Unbeständigkeit und Verderbnis verdammt zu sein, während die Sterne sich ihrer Unveränderlichkeit und Unverweslichkeit erfreuen durften. Der fundamentale Irrtum der Vorstellung, daß menschliches Leben grundlegend verschieden wäre von der übrigen Natur, hat zu manch seltsamer Lehre Anlaß gegeben. Aristoteles hielt nur das Reich der Sterne für ewig und unvergänglich. Plato behauptete, daß die wirkliche Welt statisch und archetypisch und all das Kommen und Gehen wahrgenommener Existenz nur eine Illusion sei. Aber damals wie heute waren andere bereit, sich selbst als Teile einer sich ändernden Welt zu sehen. Wenn Plato in seiner olympischen Heimat sich heute durch den strömenden Kosmos, den wir glauben entdeckt zu haben, gestört fühlte, so würde sich sein Vorgänger Heraklit, der in allem die Veränderung sah, die Hände am Feuer der Galaxien wärmen.

Der beruhigende Aspekt der Ansichten vom Weltall, wie wir es jetzt am Himmel sehen, liegt in seiner Versöhnung der Menschheit mit der materiehaften Welt. Es ist buchstäblich wahr, daß wir Teil unserer Galaxis sind. Die Atome, aus denen wir gebildet sind, wurden in den Geweben einer Galaxie gesammelt, ihr seltsames Zusammenkommen in lebende Geschöpfe wurde durch die Wärme eines Sterns in einer Galaxie ermöglicht; wir sind Teil von allem und so auch unsere Augen, mit denen wir die Galaxien betrachten. Wenn wir das verstehen, lassen wir die stummen Sterne sprechen. Stell dich unter die Sterne und sage ihnen, was du willst. Lobe oder tadele sie, befrage sie, bete zu ihnen, wünsche dir etwas. Das Weltall antwortet nicht. Aber es spricht.

New York, 1983 T. F.

I
Die Milchstraße: Ein Spiralnebel von innen gesehen

Auch wir lebten einst in diesem Sternenhaus ...
Signale der Erde

Eine Reise zum Mittelpunkt der Milchstraße

... Gedanken,
die zehnmal schneller fliehn als Sonnenstrahlen ...
Shakespeare

Unsere Sonne und ihre Planeten liegen im Gebiet des Milchstraßensystems. Wer zum Mittelpunkt der Galaxis kommen wollte, müßte eine Entfernung von etwa 30 000 Lichtjahren zurücklegen.

Eine solche Reise liegt weit jenseits der technologischen Möglichkeiten der Menschheit in diesem Jahrhundert; die Entfernungen zwischen den Sternen sind gewaltig, die Energie, die nötig wäre, diese Entfernungen zu überbrücken, ist ungeheuer. Manche meinen, wir werden nie dazu fähig sein. Andere sagen, wir könnten es vielleicht einmal schaffen. Niemand glaubt jedoch, daß wir bald dazu in der Lage sein werden.

Und doch können wir diese Reise heute schon mit Hilfe unserer Vorstellungskraft machen. Das sieht vielleicht eher nach Tagträumerei aus, aber solche Träume sind auch früheren Reisen vorangegangen; als unsere Vorfahren den Horizont der Weltmeere betrachteten, damals, als wir noch nicht die Herren der Meere waren. Und was wir auf der Reise ins Weltall sehen, ist nicht bloße Einbildung; wir wissen heute genug über die Galaxien, um in allgemeiner Form vorhersagen zu können, was wir sehen würden, wenn wir diese Reise real unternehmen könnten.

Falls noch mehr Ermutigung nötig ist, sollten wir bedenken, wie bemerkenswert der Effekt der Zeitdehnung in Einsteins spezieller Relativitätstheorie eine Annäherung von Wissenschaft und Phantasie ermöglicht. Diese Theorie, die in so vielen Experimenten bestätigt worden ist, sagt uns, daß die Zeit in einem Raumschiff, das mit annähernder Lichtgeschwindigkeit dahinrast, ganz wesentlich langsamer verläuft. (Die Lichtgeschwindigkeit selbst kann das Schiff nie erreichen, fügt die Theorie hinzu.) Wenn wir also Energie ausgeben, können wir Zeit kaufen.

Wenn ein Raumschiff eine Beschleunigung aufrechterhalten könnte, die der Schwerkraft hier auf der Erde gleicht, könnte es wegen dieses Effekts der Zeitdehnung in weniger als 25 Jahren den Mittelpunkt unserer Galaxis, der 30 000 Lichtjahre entfernt ist, erreichen. Nachbargalaxien könnten in weniger als 30 Jahren erreicht werden und die Buchten zwischen Galaxienhaufen in vielleicht einer weiteren Dekade. Stellen wir uns also vor, wir seien an Bord eines solchen Raumschiffes, und sehen wir zu, wohin es uns bringt.

Die Ausstattung des Schiffes kann völlig der Phantasie jedes einzelnen Passagiers überlassen bleiben. Wir können uns ein riesiges Schiff mit Fußballmannschaften, Streichquartetten, Unterholz und Gebüsch und einem Forellenteich vorstellen und einer Mannschaft von Tausenden, die aus so verschiedenen Berufen kommen, daß man sicher sein kann, daß nie alles ganz glatt verläuft. Oder ein eher bescheidenes Schiff wie für Kreuzfahrten, mit einem winzigen Nachtklub, einem unermüdlichen Freizeitgestalter und vielen Außenbordkabinen mit Bullaugen. Oder etwa einen militärischen Raumkreuzer, voller Trommeln, Stiefeln und Tamtam. Jedem nach seinem Geschmack. Die Phantasie hat so viel Raum für imaginäre Raumschiffe, wie das Weltall Platz für reale hätte.

Der Tag unserer Abreise ist traurig, denn der Abschied ist ein Lebewohl für immer. Wir Reisenden werden uns die Zeitdehnung zunutze machen, Familien und Freunde daheim können das nicht. Sie werden für Zehntausende von Jahren tot sein, wenn wir am Mittelpunkt unserer Galaxis ankommen. Gemeinsam singen wir die Hymne der Sternforscher, ein Lied endgültigen Abschieds. Dann fahren wir los.

Die erste Zeit unserer Reise vergeht ohne größere Ereignisse, während unser Raumschiff immer schneller wird. Jahre ver-

gehen, bevor wir Anlaß zum Feiern haben: Wir sind nun so weit weg wie der sonnennächste Stern, Alpha Centauri, etwas über vier Lichtjahre. Die Sonne ist jetzt nur noch ein Lichtpunkt im Sternbild Stier. Bald wird es schwierig sein, die kleine, schwachscheinende Sonne am Himmel zu erkennen.

In den folgenden Jahren kriechen die Sterne über den Himmel, langsam verschieben sich die Sternbilder, die wir auf der Erde kannten, bis sie fast unkenntlich sind. Unser Kurs geht durch die Ebene der Galaxis direkt auf den Mittelpunkt zu. Wir sehen die Sterne, die Staubwolken und die Gaswolken, die zwischen den Sternen liegen. Die interstellaren Wolken sind meistens dunkel, aber wenn wir einem der Spiralarme unserer Galaxis begegnen, finden wir in ihm helle Nebel – Gebiete, in denen neugebildete Sterne die sie umgebenden Wolken beleuchten –,und der Anblick dieser glühenden Ufer freut uns, während wir vorbeieilen.

Viele Blumen dieser sternreichen Wiesen könnten unsere Aufmerksamkeit länger fesseln – die so überaus dichten Zwergsterne, die Neutronensterne und die schwarzen Löcher, die unendlich vielfältigen Gruppierungen mehrfacher Sterne, die veränderlichen und flackernden Sterne und die Milliarden gewöhnlicher Sterne, unserer Sonne ähnlich, von ihren Planeten gar nicht zu reden. Aber wir müssen weiter.

Nach Jahrzehnten endlich umgeben uns keine interstellaren Wolken mehr. Vor uns liegt das zentrale Gebiet der Galaxis, ein elliptischer Raum voll von Sternen, die mit phantastischer Klarheit in dem vergleichsweise reinen All glühen. Die Farbe dieser großen Eiform ist die eines blutigenGelbs, des roten und orangeroten Lichts alter Sterne, die für Milliarden von Jahren ausdauernd gebrannt haben. Hinter uns hängen die inneren Teile der milchigen Scheibe wie die Wände einer Kluft; Tausende von Lichtjahren unten können wir an einer ‹Wand› das Ellbogengelenk sehen, an dem ein Spiralarm sich von dem mittleren Bereich loslöst und einen gewundenen Weg beginnt, der ihn schließlich an unserer Sonne vorbeiführt.

Wir tauchen in die zentralen Regionen unserer Galaxis ein und sind überwältigt von dieser neuen und ungewohnten Szenerie – wie Leute vom Land bei ihrem ersten Besuch in der Stadt. Rings um uns Sterne in dichtem Gedränge. Ihr Licht hat den warmen Schein von Fackeln. Sie laufen auf zittrigen Bahnen, die, gemessen an denen des Sonnengebietes, übereilt erscheinen, und die Abstände zwischen den Sternen sind sehr klein. Aber sie alle gehen eilig ihren Geschäften nach, ohne aneinander zu geraten.

Unser Ziel ist der Kern der Galaxis. Wir sehen sein leuchtendes Licht vor uns. Was werden wir dort finden? Einen ungeheuren Schwarm von Sternen, der wie ein Bündel von Brillanten im Mittelpunkt des galaktischen Diadems sitzt? Den unheilvollen Hüter eines schwarzen Lochs, ein Geschöpf der Hölle eher als des Paradieses?

Genau an diesem Punkt unserer phantastischen Reise müssen wir abdrehen. Wir wissen, daß unsere Galaxis einen Kern hat, aber wir wissen nicht genug über ihn, als daß wir ihn beschreiben könnten. Der Kapitän befiehlt eine Kursänderung, und unser Schiff macht einen großen Bogen, der es hoch hinaus aus der galaktischen Ebene führt. Vor uns liegt intergalaktischer Raum.

DIE MILCHSTRASSE

Die Milchstraße bezaubert den Blick des Menschen von jeher. Die zahllosen Hinweise aus geschichtlicher Zeit sprechen mit Zärtlichkeit und Erhabenheit von ihr. Für die alten Chinesen und Araber ähnelte dieses sanft leuchtende Lichterband einem Fluß am Himmel. Ovid und die Pythagoräer verglichen es mit einer Brücke. Es war eine Straße für die Angelsachsen, eine Allee, die nach Walhalla führte, für die Normannen. Die alten Griechen verglichen es mit Milch und vom griechischen Wort für ‹Milch›, *galactos,* leitet sich unser Wort ‹Galaxie› her.

In gewisser Weise hat sich die Milchstraße wirklich als eine Art Brücke oder Pfad erwiesen, der unseren Sinn von der Erde zum Himmel führt. Sie stellt unsere Sicht – von innen her – unserer eigenen Galaxis dar, die eine unter vielen Galaxien des Weltalls ist. Die Entdeckung dieser Tatsache führte uns auf einen Pfad der astronomischen Forschung und Beobachtung, der verspricht, uns aus unserer kosmologischen Kindheit herauszuführen.

Das sanfte Licht der Milchstraße kommt von Millionen Sternen. Wir sehen es als etwas, das einem Pfad oder Fluß ähnelt, weil unsere Galaxis, wie jeder normale Spiralnebel, abgeflacht ist und die Mehrzahl ihrer Sterne in einer Scheibe konzentriert ist, die im Vergleich mit ihrem Durchmesser so dünn ist wie eine schwere alte Münze. Das Licht der Milchstraße ist in einer Richtung stärker, zum Sternbild des Schützen hin, am Südhimmel unserer Erde, denn in dieser Richtung liegt der Mittelpunkt unserer Galaxis. Dunkle Ritzen, die sich durch die Milchstraße hinziehen wie Sehnen durch einen Muskel, sind, wie wir heute wissen, dunkle Staub- und Gaswolken, die das Licht der dahinterliegenden Sterne absorbieren. Helle Wolken, wie der Orionnebel, fassen wir heute als Teil eines Feuerwerks auf, das die Spiralarme unserer Galaxis erleuchtet; dadurch, daß wir diese Nebel kartographiert haben, konnten wir Teile der Arme unserer Galaxis, die in unserem Himmelsabschnitt liegen, abbilden.

Unsere Vorfahren haben zu Recht von der Milchstraße in Begriffen gesprochen, in denen das Zuhausesein von uns Erdbewohnern zum Ausdruck kam. Die Milchstraße umarmt und umhüllt uns wirklich. Sie ist unsere Heimat.

Die Sonne

Für uns Erdbewohner ist ein Stern von überragender Bedeutung, die Sonne. Dies vor allen Dingen wegen ihrer Nähe zur Erde. Deswegen überstrahlt die Sonne, obwohl sie nur ein Durchschnittsstern ist, alle anderen Sterne unseres Himmels. Die Sonne verfolgt ihre Bahn als Teil der Drehung der Milchstraße, und wir begleiten sie.

Planeten sind keineswegs ungeheuer eindrucksvolle Mitglieder des Sonnensystems, und die Erde ist einer der weniger eindrucksvollen Planeten. Achtundneunzig Prozent der Masse des Sonnensystems enthält die Sonne. Das meiste der verbleibenden zwei Prozent steckt im Planeten Jupiter. Die anderen Hauptplaneten – Saturn, Uranus und Neptun – nehmen fast den ganzen Rest der Mase in Anspruch. Schließlich kommen die kleineren Planeten Merkur, Venus, Mars, Erde und Pluto und dazu einige Dutzend Monde, eine Viezlahl von Asteroiden verschiedener Größen – von Felsen, größer als Manhattan, hinunter bis zu Teilchen, kleiner als ein Sandkorn. Die Erde macht weniger als einen Hundertstel eines Prozents der Masse des Sonnensystems aus.

Aber so nebensächlich die Planeten auch im Vergleich mit der Großartigkeit der Sterne sein mögen, so erscheint doch jeder einzelne Planet dem menschlichen Auge als großartig. Jeder ist eine Welt in sich. Das wird uns immer klarer, seit wir mit unseren Raumsonden das Sonnensystem erforschen. Wir haben einen Blick auf das windverwehte Flachland der Venus werfen können, die schneebedeckten Ockerberge des Mars; Jupiter mit seinen festlich bunten Monden ist ein eigenes Miniatursonnensystem und Saturn, auch ein Miniatursonnensystem, mit seinen pflaumen- und sandfarbenen Ringen ist Jin zu Jupiters Jang. Die Schönheit und der Überreichtum des Sonnensystems, seine unerschöpfliche Vielfalt geben uns einen Vorgeschmack von dem, was wir finden könnten, wenn wir in der Lage wären, einen anderen Teil unserer Milchstraße genau zu untersuchen. Bis heute ist nicht bekannt, wieviel Prozent der Sterne Planetensysteme haben. Aber selbst wenn nur einer von zehntausend Sternen Planeten hätte, dann würde das in einer Galaxie von der Größe unserer eigenen bis zu zehn Millionen Planetensysteme ergeben. Wenn wir über die Galaxien nachsinnen, sollten wir auch daran denken, welche Vieflalt an Welten jede für sich beherbergen könnte.

Unsere Nähe zur Sonne bringt uns in den Genuß ihrer Energie. Die Oberfläche der Erde fängt nur einen winzigen Bruchteil der Sonnenenergie auf, aber das reichte aus, um, unter anderem, den Ursprung und die Entwicklung des Lebens hier zu ermöglichen. Und natürlich interessiert uns deshalb, wie diese Energie erzeugt wird.

Zur Kernphysik des Sterninnern gehören die Fusion von Atomkernen und die Freisetzung eines Teils der Energie, die jeden Kern zusammenhält. Es ist eine Art Spiel, wie die ‹Reise

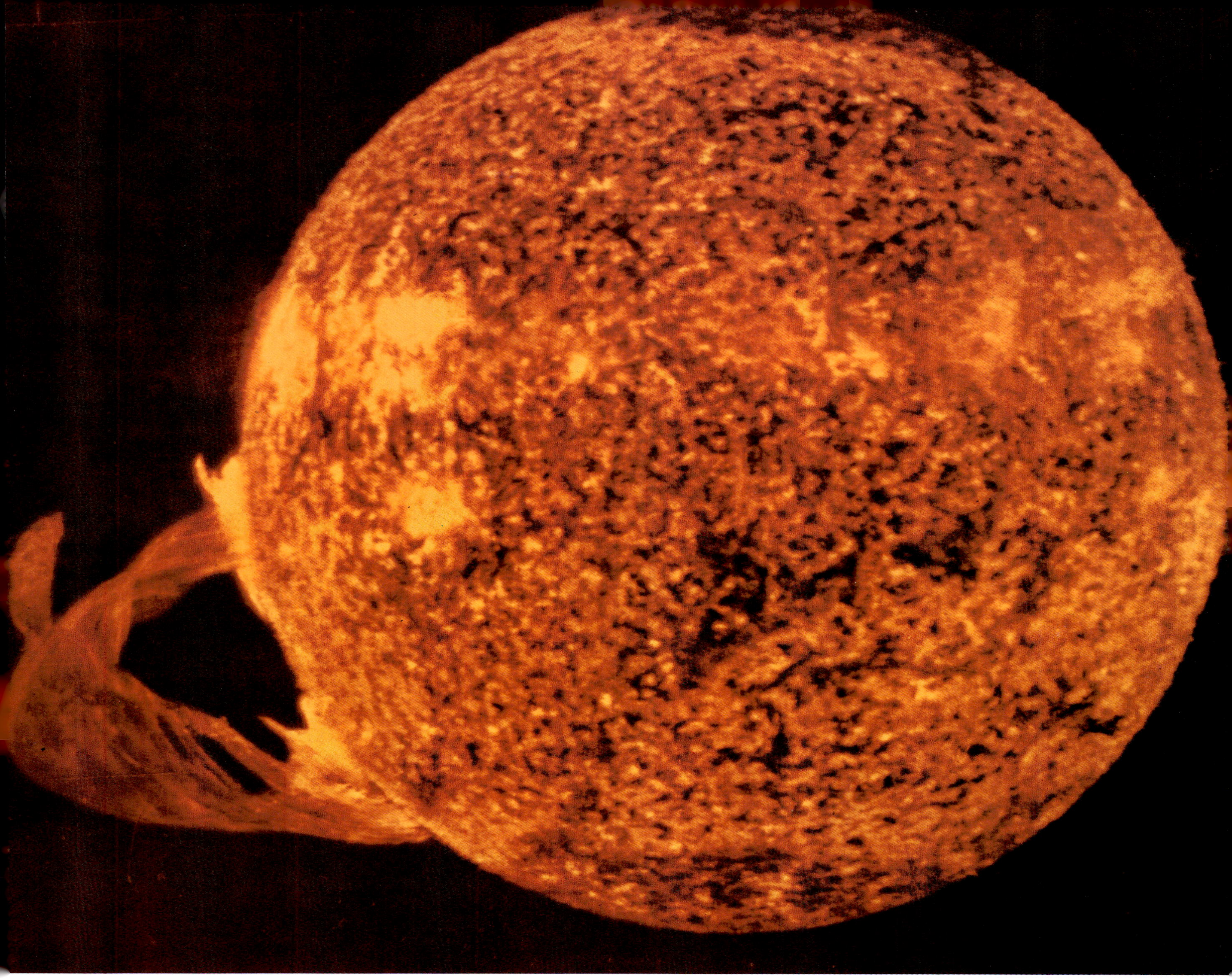

1 Die Sonne während eines großen Ausbruchs; das Bild wurde 1973 im ultravioletten Licht von der Raumstation Skylab aus photographiert.

Abbildung 1

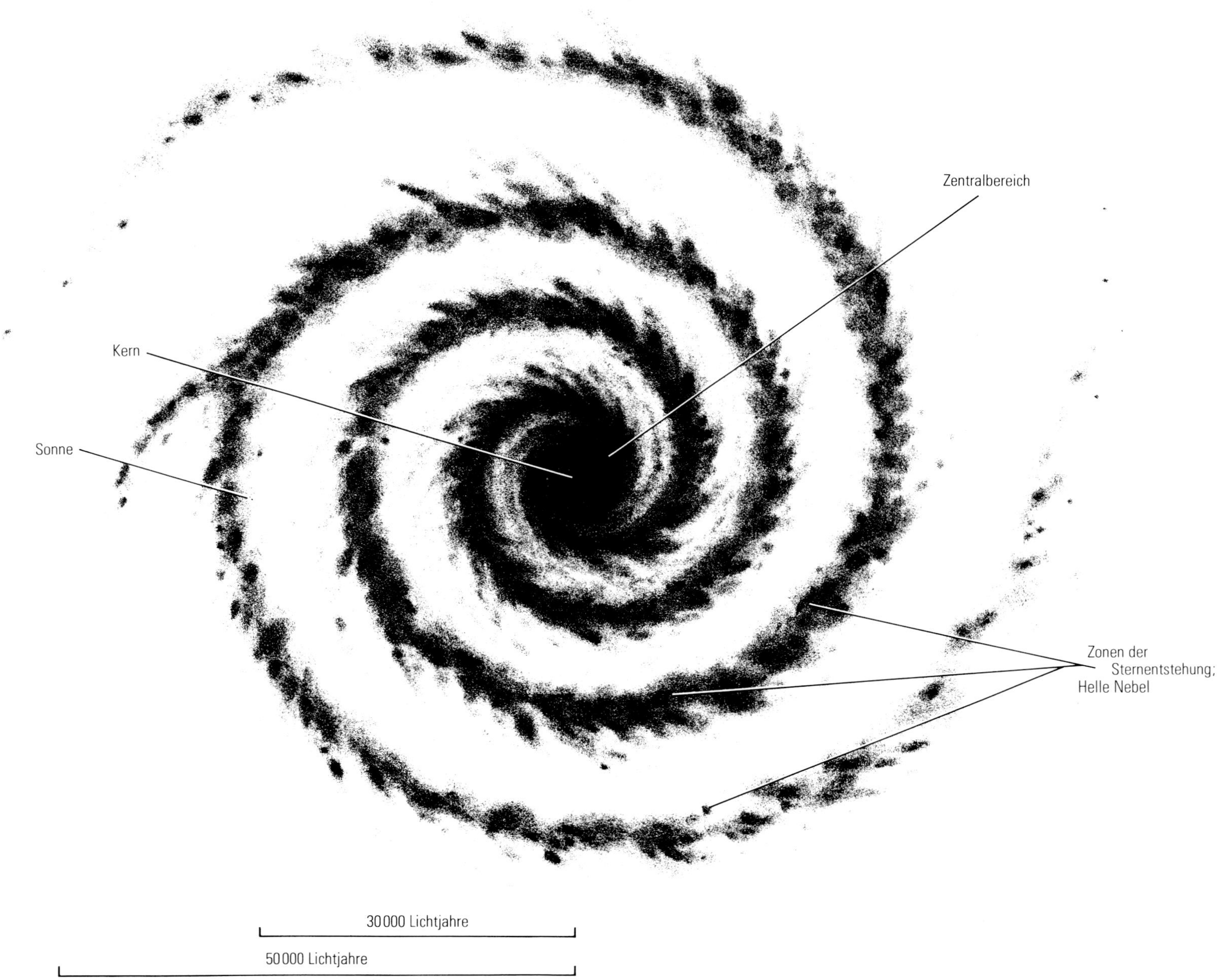
Zentralbereich
Kern
Sonne
Zonen der
Sternentstehung;
Helle Nebel
30000 Lichtjahre
50000 Lichtjahre

Abbildung 1/2. Milchstraßensystem von oben und von der Seite gesehen
Die Anatomie eines normalen Spiralnebels wird in diesen Ansichten des Milchstraßensystems gezeigt. Die Galaxie ist um einen kompakten Kern herum gebildet, der von einem etwa kugelförmigen Gebiet von Sternen umgeben wird, das gewöhnlich ‹Zentralbereich› genannt wird. Ein kugelförmiger Halo aus verstreuten, älteren Sternen umhüllt die ganze Galaxie; hier finden sich viele Kugelhaufen. Der größte Teil des interstellaren Gases und Staubs der Galaxie füllt, wie die meisten ihrer Sterne, die abgeflachte Scheibe aus. Die Spiralarme sind Teile dieser Scheibe, die durch die Unmengen hell leuchtender neugebildeter Sterne deutlich hervortreten. Die Spiralarme sind schematisch dargestellt, da unsere Milchstraße außerhalb der Nachbarschaft der Sonne noch nicht gut kartographiert wurde.

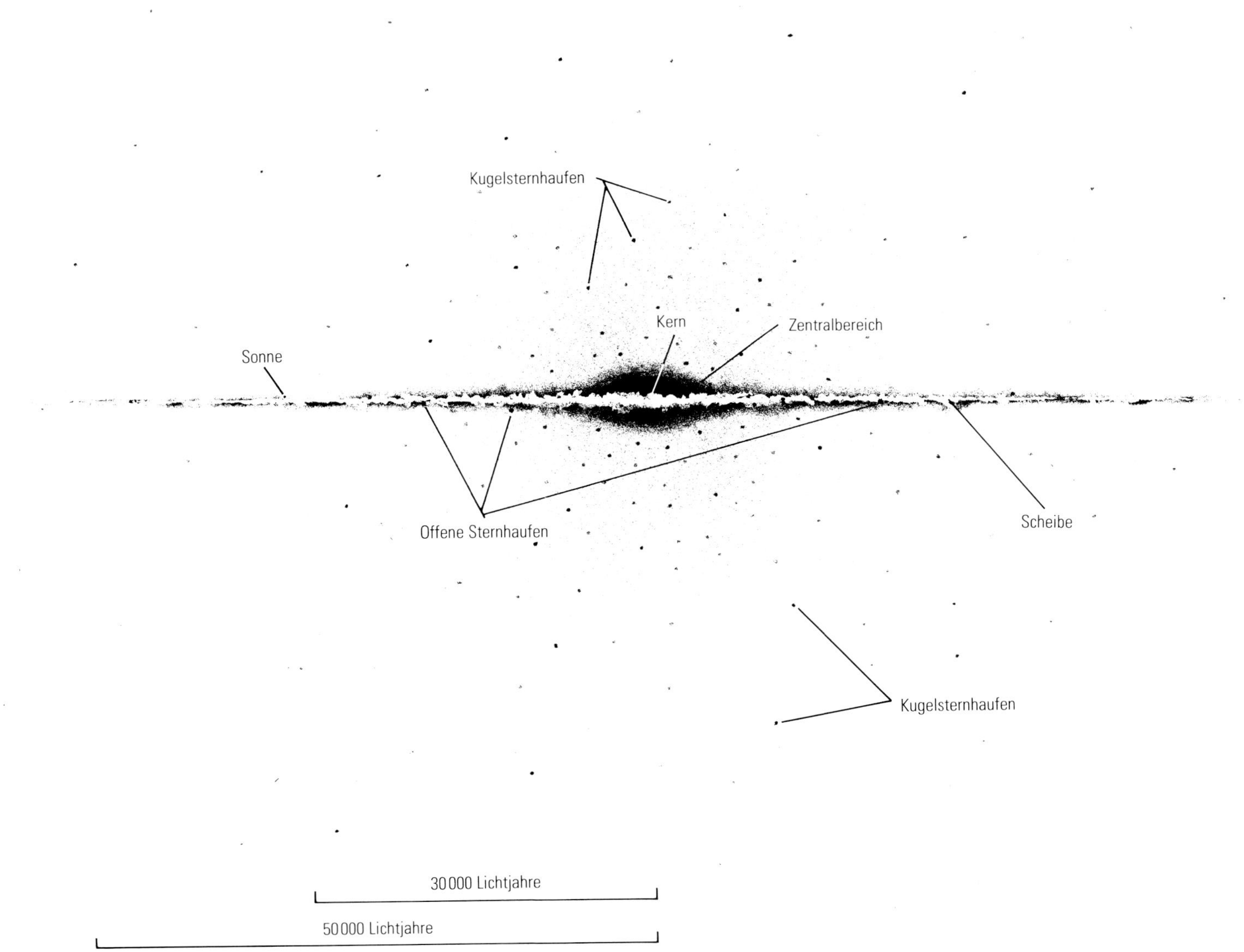

nach Jerusalem›, bei dem es, nachdem die subatomaren Teilchen sich in anderer Weise verteilt haben, Energieteile gibt, die keinen Platz finden und also ausscheiden. Auf diese Art wandelt die Sonne in ihrem Kern in jeder Sekunde fast 5 Millionen Tonnen Masse in Energie um. Die Energie, die sie dabei verliert, bahnt sich langsam – das dauert Millionen Jahre – einen Weg an die Oberfläche, von wo sie in den Raum gestrahlt wird. Es ist Ansichtssache, ob wir denken, daß Sterne Kernfusionen durchführen, um Energie freizusetzen, oder ob sie Atomkerne fusionieren und dabei als ein Nebenprodukt Energie gewinnen.

Viele Sterne verändern ihre Helligkeit über Perioden von Tagen oder Monaten, manchmal geradezu sprunghaft. Zum Glück für uns, die wir auf ihr ausgeglichenes Temperament angewiesen sind, verändert sich die Sonne nur geringfügig. Aus historischen und klimatologischen Daten geht hervor, daß die Sonne über sehr lange Zeiten ihre Energieerzeugung nur geringfügig geändert hat. Über kurze Zeiträume sind die auffälligsten Zeichen einer Unruhe periodische Ausbrüche auf der Oberfläche, wobei Materie der Sonne weit in den Weltraum hinaus geschleudert wird.

Die Photographie (Seite 21) zeigt einen außergewöhnlich großen Ausbruch auf der Sonnenoberfläche. Materie der Sonne, vor allem Wasserstoff – im Kosmos trifft man überall auf Wasserstoff – wird ausgestoßen, ähnlich einer Blase, die an der Oberfläche eines Wildwassers platzt. Das körnige Aussehen der Sonnenscheibe ist ein Resultat der Tätigkeit von Konvektionsströmen; heiße Ströme aufwallenden Materials stehen in Wechselwirkung mit herabsinkenden Bestandteilen kälterer Stoffe.

Die Photographie wurde mit ultraviolettem Licht gemacht. Die Sonne strahlt Licht vieler Wellenlängen aus, auch ultraviolettes und infrarotes; sie strahlt sogar etwas in dem Bereich sehr großer Wellenlänge, den wir Radiostrahlung nennen. Aber sie strahlt am stärksten in dem Bereich des elektromagnetischen Spektrums, den wir sichtbares Licht nennen. Das ist kein Zufall; wir entwickelten uns auf einem Planeten, der in Sonnenlicht gebadet ist, und also hat sich eines unserer Sinnesorgane, das Auge, so entwickelt,daß es den bestmöglichen Gebrauch von dieser Energie machen kann.

Sterne und interstellarer Raum

Die Natur kennt viele Zaubertricks; sie erzeugt aus den gewöhnlichsten Zutaten unendliche Vielfalt, zieht aus ihrem Hut nicht nur Kaninchen und Blumensträuße und Zauberkünstler selbst, sondern sogar Sterne. Sterne sind aus den denkbar einfachsten Zutaten gemacht. Wasserstoff (Wasserstoff ist das einfachste Element), gemischt mit etwas Helium (dem zweiteinfachsten Element), und Spuren komplexerer Atome. Eine erstarrende Gaswolke wird zu einem Stern, wenn sie sich zu so hoher Dichte zusammengezogen hat, daß die Hitze im Gedränge ihres Kerns groß genug wird, Atomkerne zu verschmelzen und Energie freizusetzen. Die Gravitationskraft, die universelle Anziehungskraft, die eine Masse auf andere Massen ausübt, führt zum Sternkollaps. Energie, die aus dem Kern aufsteigt, stößt ihn auseinander. Das Gleichgewicht zwischen diesen beiden Kräften bestimmt die Gestalt des Sterns. Ein Stern verändert sich im Lauf der Zeit, aber diese Veränderungen sind fast ausschließlich durch die Masse bestimmt, mit der der Stern begann; zum Beispiel verbrennen und altern sehr massereiche Sterne viel schneller als Sterne mit durchschnittlicher Masse.

Die Vielfalt der Sterne ist erstaunlich. Es gibt Sterne, die kleiner sind als die Erde, und Sterne, die so groß sind, daß die Erde mit ihrer Umlaufbahn darin Platz hätte; Sterne, die jünger sind als die menschliche Zivilisation, und Sterne, die fast so alt sind wie das Universum selbst; Sterne, härter als Diamanten, und Sterne wie Gasbeutel, so diffus, daß sie in vielen Teilen dünner sind als Luft, heiße blaue Sterne und schwache Sterne, die mit dem rubinfarbenen Schein verglimmender Kohle glühen; Veränderliche Sterne, die wie Quallen pulsieren, Flackersterne, die so plötzlich hell werden wie ein Lagerfeuer, in das Benzin gegossen wird. Es gibt Einzelsterne wie die Sonne und Doppel-, Dreifach-, sogar Vierfachsterne.

Die Sternbevölkerung unserer Galaxis wird auf etwas über 200 Milliarden geschätzt. Die Photographie (rechts) zeigt einige von ihnen. Die scheinbare Dichte ist eine Illusion, die dadurch entsteht, daß wir Tausende von Lichtjahren in die Tiefe des Raums hineinsehen; Sterne, die fast aufeinandergestapelt erscheinen, sind tatsächlich viele Lichtjahre voneinander getrennt. Sterne haben viel Raum: einige wenige Dutzend Tennisbälle, über ganz Nordamerika verstreut, würden einander geradezu bedrängen im Vergleich mit dem Freiraum, der einem durchschnittlichen Stern in einer durchschnittlichen Galaxie zur Verfügung steht.

Die Sterne, die wir in unserer Galaxis sehen, sind auch in ihrem Alter sehr verschieden. Einige sind uralt, einige sehr jung; die meisten liegen, wie unsere Sonne, zwischen diesen Extremen. Daraus folgt, daß wir Anzeichen von Sterngeburt und Sternentod um uns herum finden sollten, gerade wie wir in der Gemeinschaft der Menschen Geburt und Tod ständig neben einander erleben. Und in der Tat gibt es dafür viele Anzeichen.

---

2 Die Milchstraße bietet uns mit ihrem Gewirr von Sternen und interstellaren Wolken aus erster Hand ein Bild davon, wie eine Galaxie – in diesem Fall unsere eigene – von einem günstigen Platz im Innern und zu einer Seite der galaktischen Scheibe hin aussieht.

In unserer Galaxis können wir beobachten, wie Sterne geboren werden und wie alte Sterne den Todeskampf kämpfen. Einige der Orte, an denen sich solche Ereignisse abspielen, sind auf den nächsten Seiten zu sehen.

Die Räume zwischen den Sternen unserer Galaxis sind mit Staub- und Gaswolken gefüllt. Sterne entstehen aus solchen Wolken; sie sind gewöhnlich sehr dünn, dünner als ein im Labor erzeugtes Vakuum, aber so ungeheuerlich groß, daß sie genug Masse haben, um Milliarden von Sonnen daraus zu machen.

Die meisten der Atome in einer durchschnittlichen interstellaren Wolke treiben gewöhnlich vor sich hin. Manche gehen Verbindungen mit anderen Atomen ein und bilden Moleküle, und diese Moleküle wiederum durchwandern die unendliche Wüste des Raums. Damit sich aus einer solchen Wolke Sterne bilden, müssen so viele dieser umherschweifenden Atome zusammengebracht werden, daß die Schwerkraft, eine sehr schwache Kraft, sie binden und ihren unabhängigen Streifzügen ein Ende setzen kann. Wenn das einmal geschehen ist, kann das Bündel von Atomen, das sich da ergibt, andere Atome, denen es begegnet, einfangen, an die Gruppe binden und so vergrößert sich langsam die Masse der Gruppe und mit ihr ihre Gravitationskraft. Sternsamen wie diese wachsen heute an vielen Orten unserer Galaxis – wie eine Embryozelle im Mutterleib –, kaum wahrnehmbar, und doch so großartig und Ehrfurcht einflößend in ihrem Potential.

Interstellare Wolken sind im allgemeinen dunkel und unauffällig, wenn sie nicht durch Sterne, die gerade neu gebildet wurden, beleuchtet werden oder wenn sie sich von einem Sternhintergrund abheben. Die beiden hier abgebildeten Wolken sind als solche Silhouetten zu sehen.

Viele verschiedene Fachausdrücke können für interstellare Wolken gebraucht werden. Am einfachsten ist es, sie alle im Begriff ‹Nebel› zusammenzufassen, der aus dem Sanskrit kommt, wo *nabhas* ‹Wolke› bedeutet. Beleuchtete interstellare Wolken nennen wir hier helle Nebel, unbeleuchtete Wolken Dunkelnebel.

4

3 Die dunkle interstellare Wolke, die, als Kohlensack bekannt, ungefähr 600 Lichtjahre entfernt ist und einen Durchmesser von 70 Lichtjahren hat, schmiegt sich an den Fuß des Kreuz des Südens, das auf dieser Photographie auf der Seite liegt. In Wirklichkeit liegen nur Beta Crucis und Delta Crucis, die Sterne am Ende des kurzen Arms, in demselben Teil des Himmels wie der Kohlensack. Alpha Crucis, der helle blaue Stern am Fußes des Kreuzes, und Gamma Crucis, der gelbe Stern an seinem Kopf, sind beide im Vordergrund, ungefähr 370 und 220 Lichtjahre von uns entfernt.

4 Der Kegel- oder Conusnebel, 2600 Lichtjahre von uns entfernt, ist Teil einer ausgedehnten interstellaren Wolke. Die hellen Sterne im Hintergrund bildeten sich anscheinend erst vor kurzer Zeit in der kosmischen Geschichte. Ihr Licht läßt jetzt die Silhouette des vorderen Teils der Wolke hervortreten.

Sterngeburten

DER ORIONNEBEL

Die ersten Sterne, die sich innerhalb einer sich verdichtenden Wolke bilden, verleihen ihren Ahnen die Gabe des Lichts. Aus vorher dunklen Wolken sprudelt jetzt ein Strauß von Farben hervor, der helle Nebel zu einem der fesselndsten Schauspiele des Himmels macht. Ein Teil dieser Beleuchtung besteht aus dem Licht der jungen Sterne, das sich an den Staubkörnern der umgebenden Wolken widerspiegelt. Aber das meiste wird erzeugt, wenn das Gas in der Wolke, von dem es viel mehr gibt als Staub, durch das Sternenlicht ionisiert, also elektrisch geladen wird und durch die Rückstrahlung der erhaltenen Energie wie das Gas in einer Neonröhre zum Glühen kommt.

Helle Nebel wie diese finden wir am Rand der Arme von Spiralgalaxien, dort, wo vor kurzem noch Verdichtungswellen, ausgelöst durch die Rotation der Galaxie, hindurchgingen und die Verdichtung interstellarer Wolken zu Sternen förderten. Die Sonne selbst befindet sich gerade in der Nähe eines Arms unserer Galaxis, und als Folge davon bietet sich uns ein ausgezeichneter Blick auf die hellen Nebel, die den Arm zieren. Dazu gehören die Nebel Eta Carinae, Rosetta und, am nächsten, der Orionnebel. Die Trifid-, Lagunen- und Adlernebel gehören zu einem anderen Spiralarm, der dem Mittelpunkt der Milchstraße näher ist als unser eigener.

Die Sterne, die den Orionnebel beleuchten, sind himmlische Kinder, einige von ihnen sind weniger als 500 000 Jahre alt. Von einem glaubt man, er habe erst vor etwa 2000 Jahren zu scheinen begonnen. Noch ist er eingebettet in die schwarze Wolke, aus der er sich bildete, und unsichtbar auf dieser Photographie. Aber er kann in den Wellenlängen des infraroten Lichts entdeckt werden, das Staub und Gas durchdringt.

---

5 Der Pferdekopf ist Teil einer großen Dunkelwolke, in der der Orionnebel ein heller Fleck ist. Hier kann man, etwas weniger als 100 Lichtjahre vom Orionnebel entfernt, einen Teil der riesigen Dunkelwolke sehen, der sich von einem etwas weiter entfernten Teil der Wolke absetzt, deren Gasschichten vom Sternenlicht so angeregt wurden, daß sie glühen. Der Pferdekpf selbst ist ein Wirbel, ein sich langsam drehender Gasball, von dem man erwarten kann, daß er sich schließlich zu neuen Sternen kondensiert. Er dreht sich mit einer Geschwindigkeit von annähernd 22 Kilometern in der Sekunde, und eines Tages wird er wohl nicht mehr einem Pferdekopf gleichen, sondern sich so verändert haben, wie es eine irdische Wolke an einem Sommertag tut.

6 Astronomen, die den Orionnebel (= M42 = NGC1976) untersuchten, fanden dort Anzeichen von Babysternen, die noch in ‹Windeln› von Gas und Wolken gewickelt waren (Seite 30).

7 Das Innere des Orionnebels, das als Trapez bekannt ist, glüht mit dem feinen grünen Schimmer von ionisiertem Sauerstoff. Obwohl der Nebel hauptsächlich aus Wasserstoffgas besteht, wurden verstreute Sauerstoff- und Formaldehyd-Moleküle in ihm gefunden, ebenso viele andere, darunter Kohlenmonoxyd, Wasserstoff, Zyanid, Ammonium, Wasser und Methylalkohol. Es ist noch unklar, wie es die Atome in diesen dünnen Wolken bewerkstelligten, sich zu so komplizierten Molekülen zu verbinden (Seite 31).

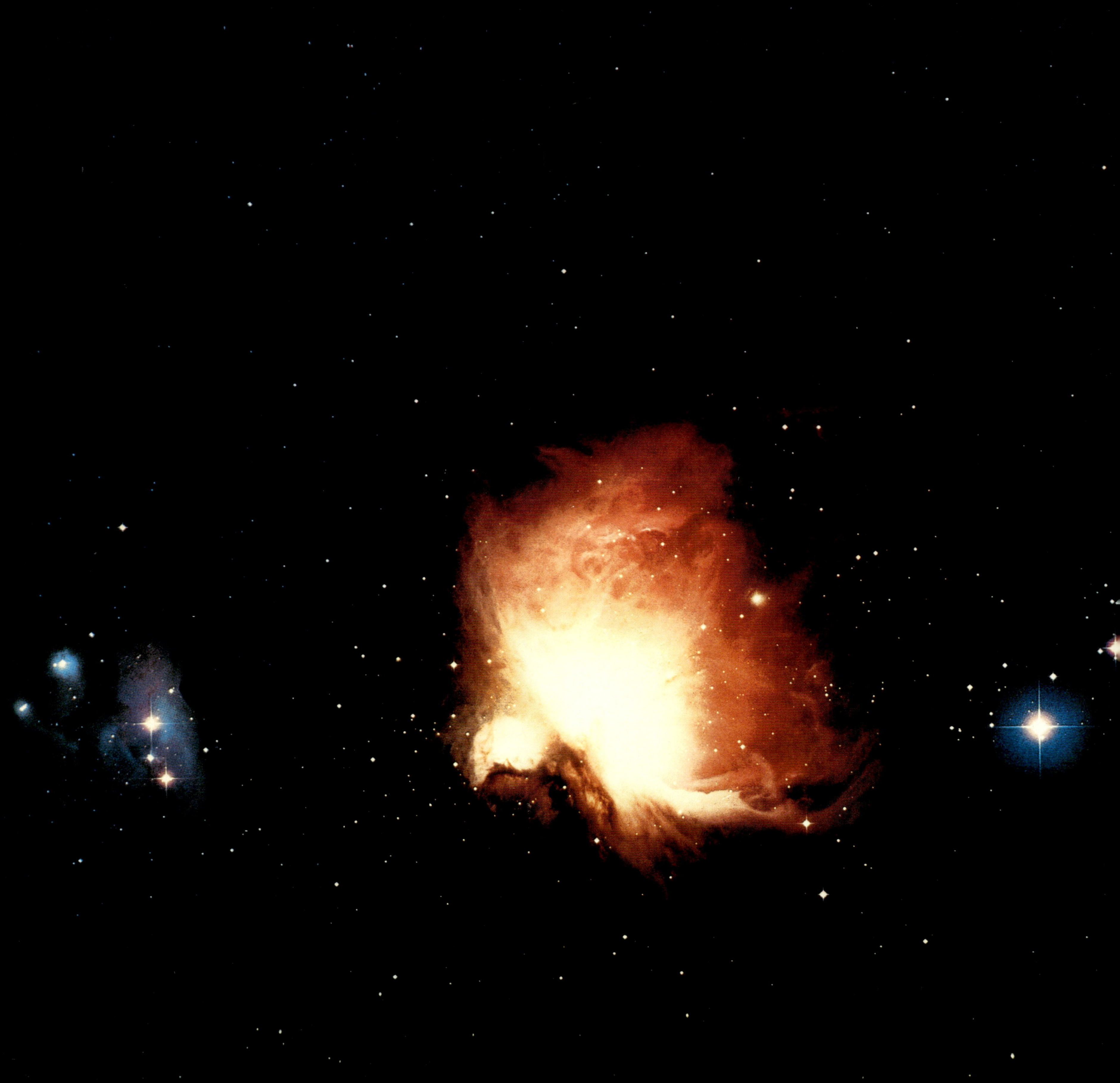

DER ADLERNEBEL

Wenn wir über einen Zeitraffer verfügten, mit Hilfe dessen wir Tausende von Jahren auf einen Augenblick unserer Wahrnehmung zusammendrängen könnten, sähen wir helle Nebel wie diesen in Licht ausbrechen, sich von einem Sternschauer entbinden und dann in die Dunkelheit zurück verblassen. Unter unseren realen Bedingungen sehen wir jeden Nebel auf einer Stufe dieses Vorgangs eingefroren. Das Licht, das den Nebel zum Glühen bringt, kommt von hellen jungen Sternen, die sich kürzlich in ihm gebildet haben. Die dunklen geronnenen Gas- und Staubmassen, die im Adlernebel besonders auffallen, sind dabei, weitere Sterne zu bilden.

Das Studium der – nennen wir es einmal so – Sternembryologie ist noch in seinen frühen Stadien, und wir haben noch viel darüber zu lernen, wie Galaxien Sterne machen. Aber die Geschichte kann wenigstens versuchsweise in allgemeiner Form erzählt werden.

Die interstellaren Wolken in den ungeheuer weiten Räumen einer Galaxie wie der unseren verweilen die meiste Zeit in einem Zustand der Untätigkeit. Sie schleppen sich mühsam durch den Raum, wie es den geisterhaften Eingebungen der Schwere- und Magnetfelder der Galaxie entspricht. Gelegentlich kommt einmal ein Stern vorbei und verschlingt so nebenbei einen Schwaden der Wolke. Sonst geschieht nicht viel. Zu jedem beliebigen Zeitpunkt ist ein großer Teil dieses interstellaren Mediums ein himmlisches totes Meer.

Aber durch dieses Meer gehen Wellen. Dichtewellen, die von Resonanzen herrühren und von der Gravitationswechselwirkung der Sterne der Galaxie erzeugt werden, pflanzen sich in einem Spiralmuster durch die galaktische Scheibe hindurch fort. Wenn eine Dichtewelle durch eine interstellare Wolke hindurchgeht, bewirkt sie ein Zusammenpressen der Wolke. Wenn die Wolke sehr dünn ist, hat das Hindurchgehen der Wellen nur eine kurzzeitige Wirkung, vergänglich, wie wenn ein Windhauch welke Blätter aufstört. Wenn aber die interstellare Wolke schon zu Beginn hinreichend dicht war, kann die Welle sie zusammenpressen, bis schließlich das Gravitationsfeld stark genug ist, die Wolke noch enger zusammenzuziehen. Wenn dieser Vorgang einmal begonnen hat, wird er sich mit großer Wahrscheinlichkeit auch fortsetzen. Die Wolken bilden Knoten und Wirbel von immer größerer Dichte, die mehr von dem umgebenden Gas und Staub zu sich heranziehen und wachsen, bis sie zu Kugeln werden, wie wir sie im Pferdekopf- und im Adlernebel sehen. Im Griff ihrer eigenen Schwerkraft werden die Kugeln immer dichter. Ihr Inneres erhitzt sich, wenn die Dichte zunimmt. Schließlich werden sie so heiß und so dicht, daß in ihrer Mitte der Vorgang der Kernverschmelzung beginnen kann, der Mechanismus also, der Wasserstoffbomben in ihren Auswirkungen so verheerend macht. Licht und Wärme ergießen sich. Ein Stern ist geboren.

Mittlerweile setzt die Dichtewelle ihren Weg fort und läßt dabei neue Sterne weit verstreut hinter sich wie ein Sämann, der den Samen ins Land wirft.

---

8 Der Adlernebel (= M16 = NGC6611), eine glühende Gaswolke, mißt im Durchmesser etwa gut 70 Lichtjahre; im Maßstab dieser Photographie wäre unser Sonnensystem ein mikroskopisch kleiner Fleck.

DER ROSETTANEBEL

Neugeborene Sterne spucken und lodern und ergießen ihr Licht mit einer jugendlichen Kraft, die sie nicht lange aufrechterhalten können. Die von neuen Sternen erzeugte Energie kann deutliche Wirkungen auf die übrigen, sie umgebenden interstellaren Wolken haben. Das Licht und die andere Energie, die die massereicheren jungen Sterne erzeugen können, genügen, lokale Schockwellen auszulösen, die den Kollaps von Teilen der umgebenden Wolke herbeiführen, die dann weitere Sterne bilden. So zahlen die Sterne ihre Schuld an das interstellare Medium, aus dem sie entstanden sind, zurück, indem sie bei der Erschaffung neuer Sterne helfen.

Im Rosettanebel sehen wir ein Nest junger Sterne, deren Energieausfluß das übrige Gas in ihrer unmittelbaren Umgebung weggefegt zu haben scheint und den Nebel hohl wie eine Eierschale erscheinen läßt. Die dunklen Kugeln, die in der umgebenden Wolke vorherrschen, verdichten sich wahrscheinlich, ihrerseits im Begriff, neue Sterne zu bilden. Es kann sehr wohl sein, daß der Kollaps dieser Wolkenteile durch den Lichtdruck der stürmisch brennenden neuen Sterne in der Mitte des Nebels ausgelöst worden ist.

9 Die dunklen Klumpen im Rosettanebel (= NGC2244) kondensieren sich anscheinend zu Sternen.

10 Der Rosettanebel ist eine gewaltige Sternfabrik; wie ein Kranz umgibt er einige der jungen Sterne, die aus ihm entstanden.

DER ETA CARINAE-NEBEL

Auf ihrer Umlaufbahn um die Mitte der Milchstraße kommt die Sonne von Zeit zu Zeit durch einen der Spiralarme der Galaxis. Zur heutigen Zeit, in der wir Menschen Teleskope gebaut haben und uns für diese Vorgänge interessieren, liegen die Sonne und ihre Planeten in der Nähe des inneren Randes eines dieser Arme. Wir haben ihn nach dem hellen Sternbild des Orion, dessen Sterne fast alle darin liegen, den Orionarm genannt.

Wenn wir zum Mittelpunkt unseres Milchstraßensystems schauen, sehen wir uns der langen Flanke des sonnennächsten Spiralarms gegenüber, den wir den Arm im Schützen genannt haben. Hier wieder sehen wir eine Reihe heller Nebel, die wie die Lichter eines vorbeifahrenden Ozeandampfers scheinen. Unter ihnen sind die Trifid-, Lagunen- und Adlernebel.

Diese glühenden Wolken sind helle Flecken in einem Archipel von dunklem Gas und Staub, der sich über die ganze Länge des Arms erstreckt. Die welligen schwarzen Adern, die sich in der Photographie des Eta Carinae-Nebels durch das Sternenfeld winden, sind nicht leerer Raum, sondern Teil einer umherwandernden dunklen Wolke, zu der der helle Nebel gehört. Der leuchtende Nebel sprießt aus der dunklen Wolke wie eine Blüte auf einem schwarzen Zweig.

11 Der Eta Carinae-Nebel (= NGC3372) ist wie die meisten hellen Nebel ein beleuchteter Teil einer größeren Dunkelwolke, die sich hier von den Sternen im Hintergrund abhebt.

12 In dieser Ansicht des Inneren des Eta Carinae-Nebels kann man eine Schockwelle wie eine Sturmfront durch das interstellare Medium fahren sehen.

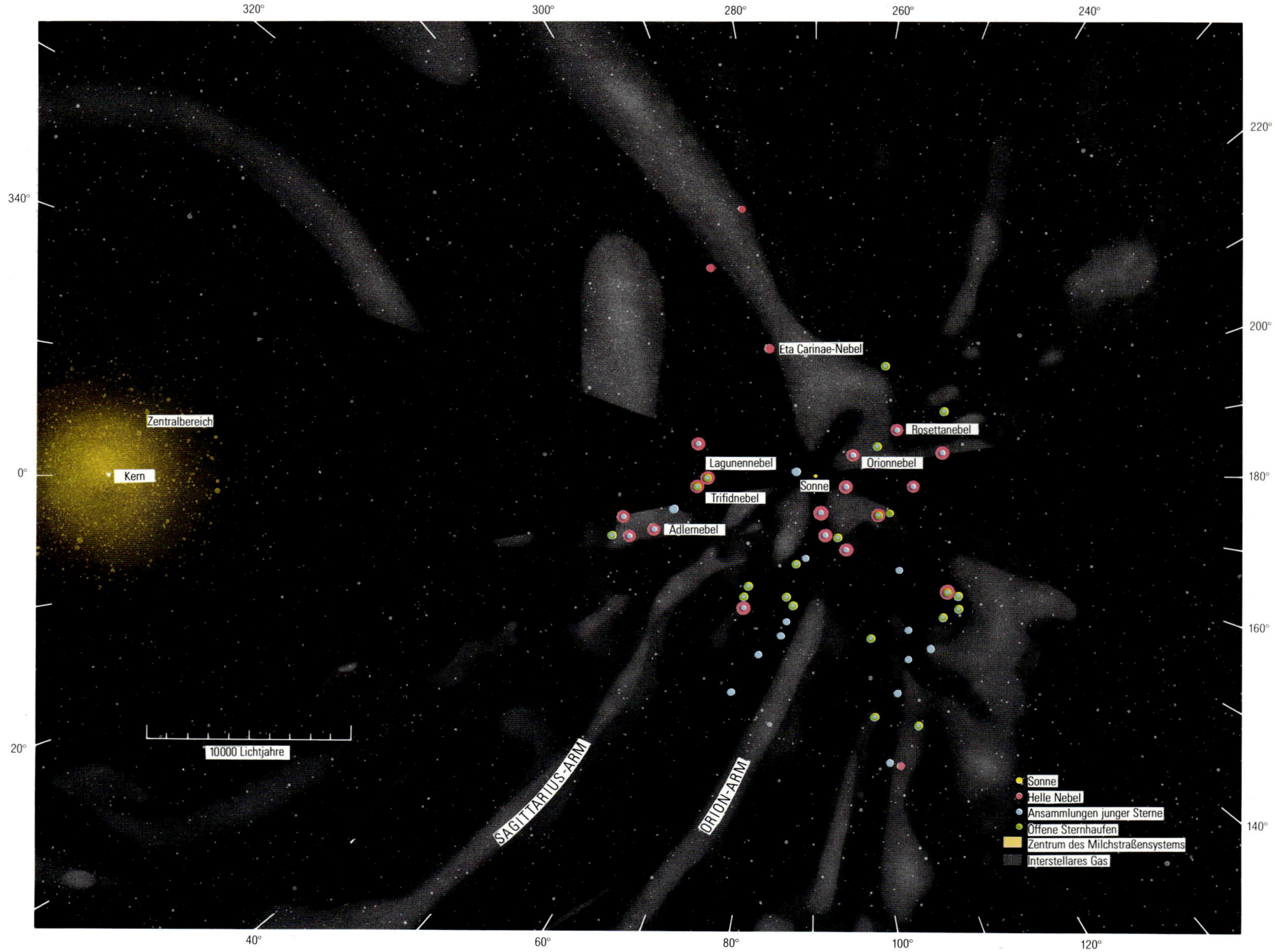

Abbildung 3. Der Platz der Sonne in den Spiralarmen unserer Galaxis

Schönheit nimmt mit Nähe zu, besagt ein informeller Slogan der Astronomie, und wie diese Karte zeigt, gehören die wunderschönen hellen Nebel, deren Photographien wir in diesem Abschnitt sehen, zu Spiralarmen unserer Galaxis, die nah an unserem Sonnensystem liegen. Lagunen, Trifid und Adlernebel gehören zum Arm im Schützen, Eta Carinae-, Orion- und Rosettanebel zu dem des Orion. Die Sonne liegt nahe an der inneren Kante des Orionarms zwischen diesen beiden Armen. Die kegelförmigen Gebiete rechts und links von der Sonne, die die Umrisse der Arme stören, sind nicht wirklich, sondern zeigen Gebiete an, in denen störende dunkle Gaswolken unsere Sicht hemmen und eine genaue Darstellung der dahinterliegenden Gebiete verhindern. Wie frühe Weltkarten sollte diese Karte nur als ein Näherungsversuch gesehen werden; wir lernen es gerade erst, uns in unserer eigenen Galaxis zurechtzufinden.

DIE TRIFID- UND LAGUNENNEBEL

Diese Nebel haben eine dreidimensionale Struktur. Sie haben eine beträchtliche Tiefe und nicht nur die leichter erkennbare Gliederung in zwei Dimensionen. Der Trifidnebel illustriert das besonders gut. Sternenlicht und helles Gas in ihm erleuchten ihn wie eine Schiffslaterne: die dunklen Teile der Wolke, das ihn in Drittel zu teilen scheint (deswegen heißt er ‹Trifid›) sind vordergründige Teile der Wolke, die wir wie die Verstrebungen in einem Lampenschirm als Schattenriß sehen. Die Rotschattierungen werden durch leuchtendes Wasserstoffgas erzeugt. Die eisblauen Gebiete sind hauptsächlich Staubteilchen in der Wolke, die das Licht von Sternen in diesem Nebel widerspiegeln. Diese sehr heißen jungen Sterne strahlen großzügig in den energiereichen Wellenlängen blauen Lichts.

Der Lagunennebel wurde von einem Beobachter benannt, der fand, daß die dunkle Spalte, die mitten durch die Frontansicht läuft, der Karte eines Hafens ähnelte. Tatsächlich ist dies mit großer Sicherheit der dunkle vordere Teil einer Wolke, wie die ‹Verstrebungen›, die den Trifidnebel durchschneiden.

Junge Sterne sind im Lagunennebel im Überfluß vorhanden, viele von ihnen flackern noch unregelmäßig auf in ihrem Kampf, die Strahlungs- und Schwerkräfte ins Gleichgewicht zu bringen, um sich auf Dauer als stabiler Stern etablieren zu können. Das intensive Licht dieser jungen Sterne und der glühende Nebel, die sie umhüllen, macht sie zu einem der hellsten Objekte der Galaxis.

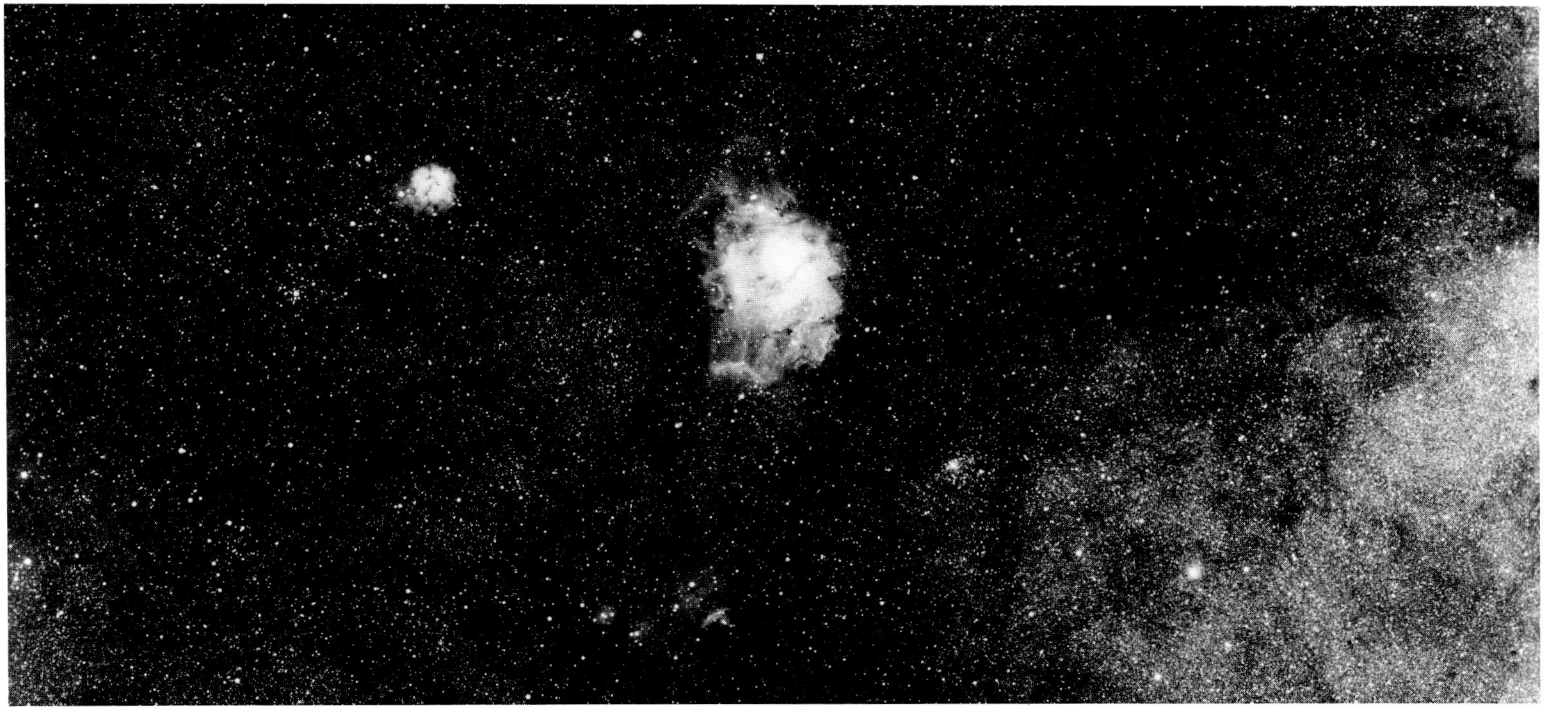

13 Ein Überblick über den Trifid- und Lagunennebel läßt vermuten, daß beide in dieselbe große und dunkle interstellare Wolke verwickelt sind. Ob das wirklich so ist, wird sich erst herausstellen, wenn wir die Entfernung zwischen den beiden Nebeln genauer bestimmen können; gegenwärtig wird sie auf etwa 5000 Lichtjahre oder mehr geschätzt. Der Trifidnebel liegt nach mehreren Schätzungen erheblich weiter von der Erde entfernt als der Lagunennebel.

14 Die dunklen Klumpen im Lagunennebel (= M8 = NGC6523), Brutkästen für junge Sterne, werden in diesem Stadium ihres Kollapses auf einen oder zwei Lichtmonate Durchmesser geschätzt (Seite 44).

15 Der Trifidnebel (= M20 = NGC6514) gehört wie sein heller Nachbarnebel, der Lagunennebel, zum Arm im Schützen in unserem Milchstraßensystem (Seite 45).

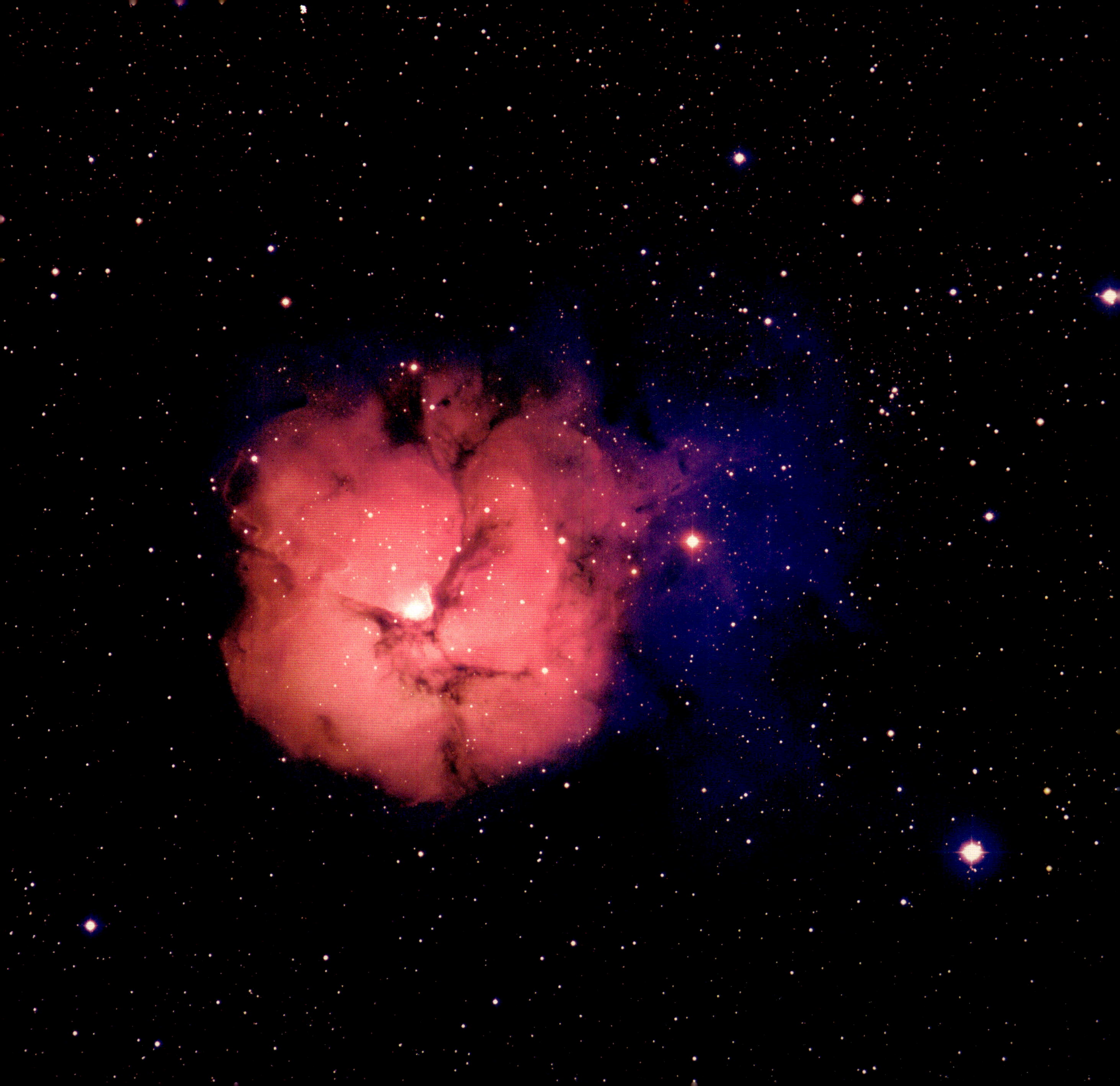

OFFENE STERNHAUFEN

Sterne, die zusammen geboren werden, bleiben für eine Weile in Gruppen, die wir Sternhaufen nennen, zusammen. Es gibt zwei verschiedene Arten von Sternhaufen. Offene Haufen, wie wir sie auf diesen Seiten sehen, sind von wenigen Dutzend oder auch von wenigen hundert Sternen bevölkert. Kugelhaufen, wie jene auf den folgenden Seiten, sind viel größer und haben Populationen bis zu Millionen Sternen. Kugelhaufen sind in bezug auf die Schwerkraft ziemlich stabil, fast wie kleine eigene Galaxien, und viele sind sehr alt. Offene Haufen sind weniger dauerhaft und meistens jung. Die Sterne der Plejaden (Seite 49) sind nicht viel älter als 100 Millionen Jahre.

Die meisten offenen Sternhaufen sind deshalb so jung, weil sie nicht lange zusammenhalten können. Ohne die mächtige gegenseitige Gravitationsanziehung von Hunderttausenden von Sternen in einem Kugelhaufen neigen sie dazu, im Lauf der Zeit auseinanderzufallen; dabei verlieren sie auf Grund innerer und äußerer Einflüsse ihre Mitglieder. Sterne am Rand des Haufens können im Gravitationssog eines vorbeiziehenden Sterns oder eines anderen Haufens oder einer ganzen Galaxie verlorengehen. Häufiger gehen Sterne im Innern verloren, wenn ein kleinerer Stern des Haufens nahe an einem seiner massereicheren Begleiter vorbeikommt; die Schwerkraft des massiveren Sterns wirkt auf den kleineren ein, der wie ein Stein durch eine Schleuder aus dem Haufen hinauskatapultiert wird.

Der Verlust eines jeden Sterns vermindert das Gravitationspotential des Haufens als eines Ganzen und macht ihn zunehmend anfällig für weitere ‹Erosion› und Auflösung. Schließlich ist der Haufen dann zu einem Skelett reduziert und löst sich irgendwann völlig auf in die allgemeine galaktische Bevölkerung. Die meisten Sterne, die wir heute in der Milchstraße sehen, auch Einzelsterne wie die Sonne, könnten einmal zu einem offenen Haufen gehört haben.

---

16 Der junge Haufen NGC3293 ist etwa 10 000 Lichtjahre von der Erde entfernt.

17 Das Sternenlicht des Plejadenhaufens (M45 = NGC1435), das an der Staubwolke reflektiert wird, in die er eingebettet ist, bildet einen Schleier, der wie Diamanten funkelt.

18 Das Licht von alten roten Riesen wärmt den Schimmer des Kugelhaufens NGC2808, der 25000 Lichtjahre entfernt ist.

19 Der Kugelhaufen M13 (NGC6205) mißt ungefähr 200 Lichtjahre im Durchmesser, aber die meisten seiner Sterne – über eine Million – bewohnen einen Mittelbereich, dessen Durchmesser weniger als 100 Lichtjahre beträgt; in diesen relativ dichtbesiedelten Gegenden hat jeder Stern im Durchschnitt ein Kubiklichtjahr Lebensraum.

Die über einhundert Kugelsternhaufen in unserer Galaxis haben zwei besonders fesselnde Kennzeichen. Das eine ist ihr Alter. Kugelhaufen sind im allgemeinen sehr alt. Einige sind auf über 15 Milliarden Jahre geschätzt worden. Diese Lebensdauer ist mit der der Milchstraße selbst vergleichbar. Das andere bemerkenswerte Merkmal der Kugelhaufen ist ihre Verteilung im Raum. Während die meisten der hellen Sterne unserer Milchstraße in der Ebene ihrer Scheibe liegen, finden wir Kugelhaufen genauso über und unter der Scheibe.

Diese zwei Eigenschaften der Kugelsternhaufen sind für die Forscher, die sich mit der Bildung des Milchstraßensystems beschäftigen, von großem Interesse. Die meisten von ihnen vertreten die Theorie, daß unsere Galaxis als eine mehr oder weniger kugelförmige Ansammlung von Gas entstand, die in der Folge zu der Scheibe zusammenfiel, die sie heute darstellt. Die Meinungen darüber, wie lange es dauerte, bis dieser Zusammenbruch geschah, und darüber, wie viele Sterne sich bis zu dieser Zeit aus dem Urgas gebildet hatten, gehen auseinander. Aber die meisten Forscher stimmen darin überein, daß vor langer Zeit das Ur-Milchstraßensystem ungefähr kugelförmig war. Diese Annahme erhält dadurch Unterstützung, daß die Kugelhaufen, die aus sehr alten Sternen bestehen, noch immer weit außerhalb der galaktischen Ebene gefunden werden und in einem kugelförmigen Bereich des Raumes verteilt sind, der vielleicht die Ausmaße des ursprünglichen Milchstraßensystems hat. Die Verteilung der Kugelhaufen könnte ein Indiz dafür sein, wie das Milchstraßensystem früher einmal war, so wie wir aus den verkohlten Resten eines Hauses, dessen Mauern in einem Feuer zusammengestürzt sind, dessen Grundriß rekonstruieren können.

Die Haufen selbst sind sehr eindrucksvoll. Die größten Kugelhaufen haben Millionen von Sternen, und bei denen, die weit entfernt von ihrer Ursprungsgalaxie liegen, ist es schwer zu entscheiden, wo man die Grenze zwischen einem großen Kugelhaufen und einer Zwerg-Galaxie ziehen soll.

Dramatische Ausblicke ins Weltall sind durch die Lage vieler Kugelsternhaufen und durch ihren Sternreichtum gegeben. Man stelle sich zum Beispiel vor, daß die Sonne und die Erde nicht hier in der Ebene unserer Galaxis lägen, sondern am äußeren Rand eines entfernten Kugelhaufens, der von der Ebene weit entfernt ist. Die Hälfte eines jeden Jahres würde dann der nächtliche Himmel voll sein mit all den brillanten Sternen unseres heimatlichen Haufens, deren Licht so stark ist, daß es niemals wirklich dunkel würde. In der anderen Hälfte des Jahres, während der Jahreszeit, in der wir uns auf der Sonnenseite befänden – weg vom Kugelhaufen und zur Milchstraße hin –, könnten wir die Galaxis flach von einem Horizont zum anderen hin ausgebreitet sehen.

Ein Preis, den die entfernten Kugelhaufen für ihren beneidenswerten Anblick des Weltalls zahlen müssen, ist Unfrucht-

barkeit. Das interstellare Gas und der Staub, die zur Herstellung neuer Sterne gebraucht werden, ist in der galaktischen Ebene konzentriert. Kugelhaufen, die weit von der Ebene entfernt sind, müssen diese Ingredienzen entbehren, und so bilden sich dort nur selten Sterne. Die Sterne, die wir in Kugelhaufen sehen, sind meistens Veteranen, die vor langer Zeit geboren wurden. Die Charakteristika solcher Gerontokratien sind denen des Barock nicht unähnlich: Verfeinerung und Dauerhaftigkeit. Aber in Begriffen der stellaren Evolution stehen sie eher am Ende der Entwicklungsskala.

20

21

22

23

24

20–24 Diese Kugelhaufen sind: **20** M3 (= NGC5272), ein großer alter Haufen mit etwa 500 000 Sternen, von denen viele Zwerge und andere degenerierte Sterne sind, die bessere Tage gesehen haben; **21** M15 (= NGC7078), fast 50 000 Lichtjahre entfernt und weit außerhalb der Ebene unserer Galaxis; **22** Omega Centauri (NGC5139), der hellste uns bekannte globale Haufen, der in der Ebene des Milchstraßensystems halbwegs zwischen der Sonne und seinem Mittelpunkt liegt; **23, 24,** M5 (= NGC5904) und 47 Tucana (= NGC104), die beide Anzeichen einer Abflachung zeigen, die vielleicht von der Rotation herrührt.

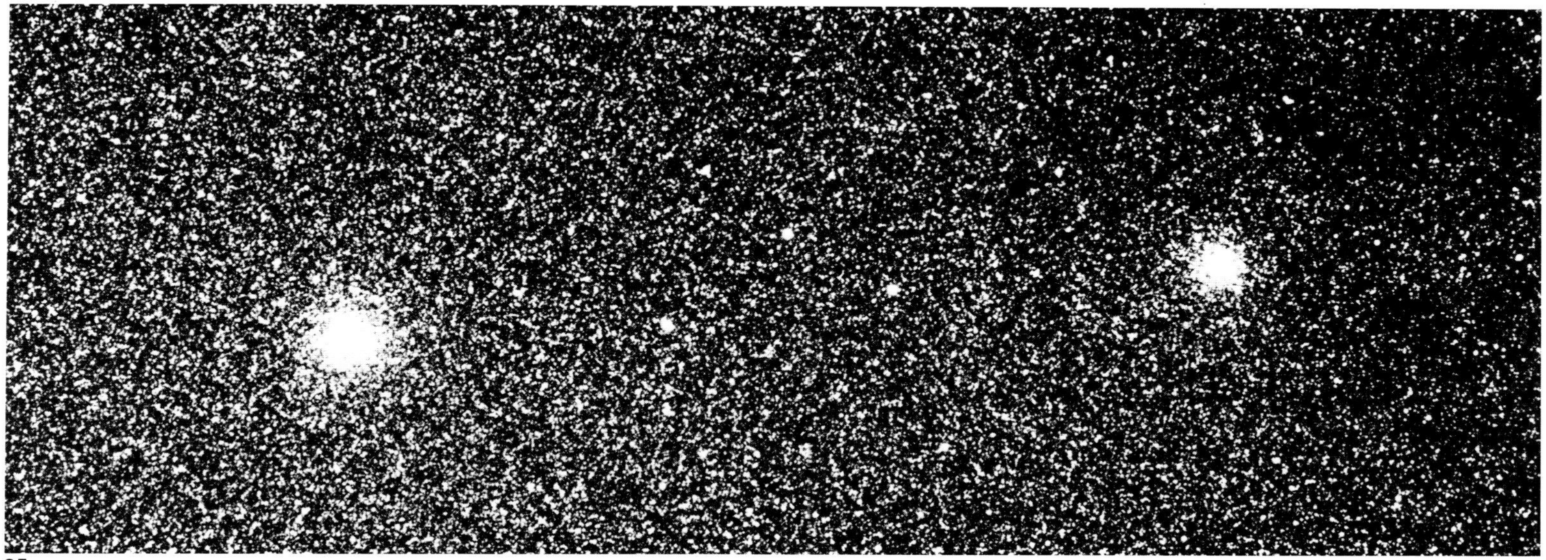

25

25, 26 Die Kugelhaufen NGC6522 und NGC6528 (**25**) liegen innerhalb der galaktischen Ebene und verbringen ihre Zeit in der Gesellschaft von Milliarden von Sternen, die nicht in Haufen sind. Der weit entfernte Kugelhaufen NGC2419 (**26**) andererseits ist mehr als 300 000 Lichtjahre vom Mittelpunkt unserer Galaxis weggewandert, bis zu einem Punkt nahe der Grenzen der Anziehungskraft der Milchstraße; dieser ‹intergalaktische Wegetrotter› läuft auf einer faulen Bahn um die Milchstraße herum, bei der er für einen Umlauf mehr als 3 Milliarden Jahre braucht.

26

Sternentod

Die Lehre des Lebens, daß nichts ewig dauert, findet ihr Echo im Tod der Sterne. Auch sie, Symbole der Beständigkeit, müssen schließlich vergehen. Und genauso, wie wir das überall in der Natur finden, stellt die Vergänglichkeit des Einzelnen einen Teil in der Entwicklung des Ganzen dar.

Sterne sterben, wie sie gelebt haben. Gemäßigte Sterne wie unsere Sonne beschließen ihren Lebenslauf gemäßigt. Nachem sie den Großteil ihres Brennstoffs verbraucht haben, dehnen sie sich aus, verwandeln sich in zerzauste, schwachglühende Riesen, die ihre äußere Atmosphäre abschütteln und sich als weiße Zwerge in Pension begeben. Massereichere Sterne beenden ihre glänzende Herrschaft in eher spektakulärer Weise – sie explodieren. Außerordentlich massereiche Sterne beschließen ihre extravagante Laufbahn durch eine adäquat starke Explosion.

Diese Stimmigkeit von Leben und Tod bei Sternen zeigt sich auch in ihren himmlischen Gräbern. Die Überreste gewöhnlicher Sterne haben die Form von unauffälligen Zwergen. Massereichere Sterne fallen zusammen und bilden eher bemerkenswerte Monumente, die Neutronensterne – wirbelnde stellare Schlacke, so fest zusammengepreßt, daß sie härter ist als Diamant. Die imponierendsten Sterne fallen mit solcher Gewalt zusammen, daß sie schwarze Löcher bilden, sich damit vom übrigen Weltall abschneiden und den Ehrgeiz der Pharaonen verwirklichen, daß ihre sterblichen Reste niemals gefunden werden können.

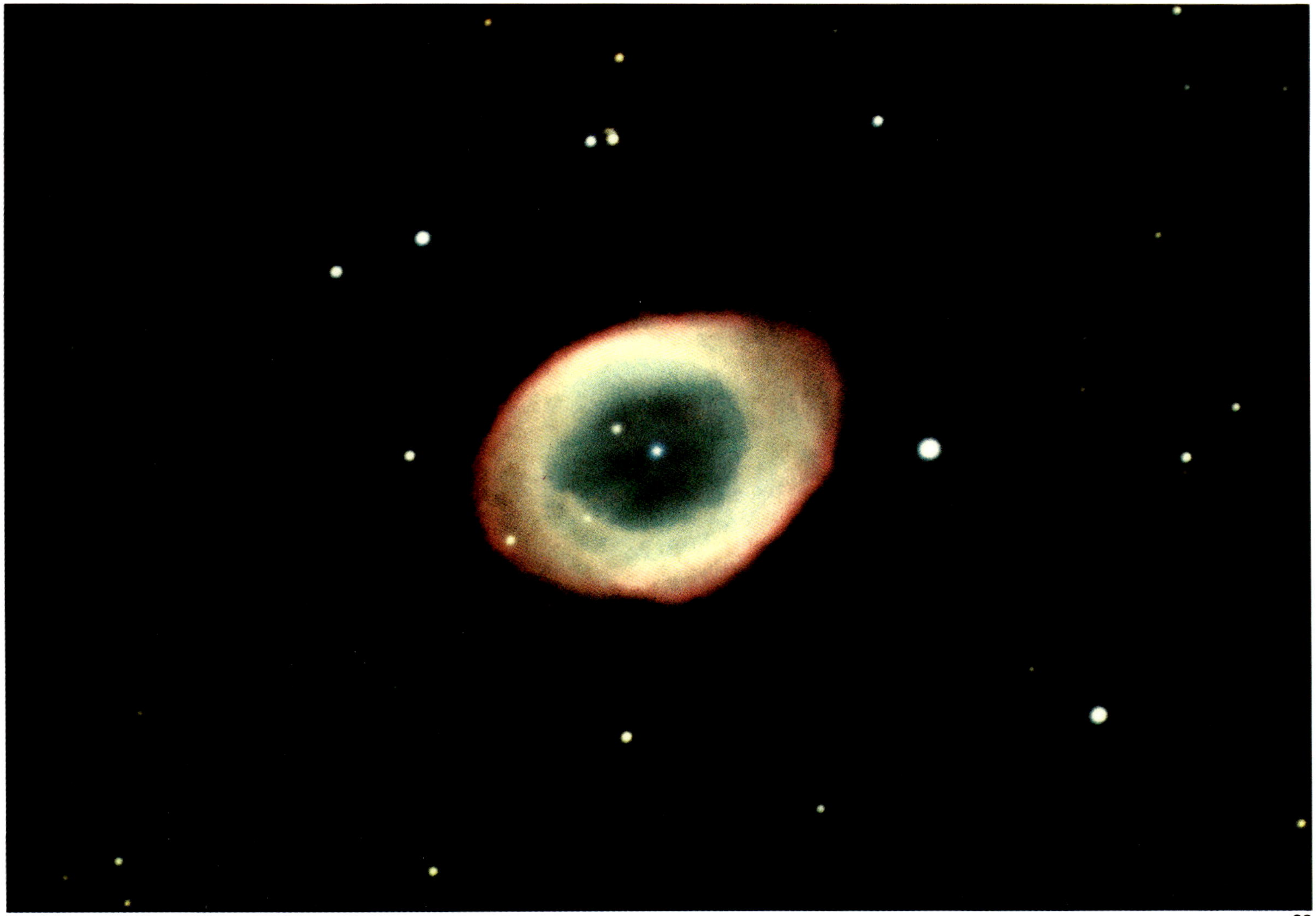

28

27 Der planetarische Nebel M27 (= NGC6853) besteht aus einer Gashülle, die vor etwa 50 000 Jahren aus dem Zentralstern herausgeschleudert wurde. Die Gasblase dehnt sich mit einer Geschwindigkeit von etwa 25 Kilometern in der Sekunde aus; sie hat einen Durchmesser von über zwei Lichtjahren erreicht.

28 Der planetarische Nebel M57 (= NGC6720), bekannt als Ringnebel, besteht aus Gas, das vor etwa 20 000 Lichtjahren vom Zentralstern ausgeworfen wurde; seine Regenbogenfarben stammen vom Glühen verschiedener angeregter Atome in der Wolke, darunter denen des Wasserstoffs, Heliums, Sauerstoffs, Stickstoffs, Schwefels und Neons – dem uns von allen fluoreszierenden Elementen hier auf der Erde vertrautesten Element (oben).

PLANETARISCHE NEBEL

Sterne können ihre Substanz nicht immer behalten, sondern sie müssen einen wesentlichen Teil davon an das interstellare Medium zurückgeben, aus dem sie sich bildeten. In einem gewissen Maße tun sie das fortwährend. Die Sonne führt dem Raum in Form des ‹Sonnenwindes› einen beständigen Teilchenstrom zu, und einige Riesen erzeugen sogar sturmartige Sternwinde. Aber wenn sie am Ende ihrer Karriere angekommen sind, dann verschleudern sie sich in geradezu dramatischer Weise. Dies geschieht, wenn ein Stern schließlich seinen

Brennstoff verbraucht hat – hauptsächlich Wasserstoff –, der es ihm erlaubt hat, beständig zu brennen. Diesen Vorgang könnte man stark vereinfacht so beschreiben, daß sein Kern, wenn der Brennstoff aufgebraucht ist, abkühlt und zu einem Zwerg-Überrest zusammenfällt, während die massereichen äußeren Regionen des Sternes – die Teile also, die den Kern umgaben – in ihrer eigenen Hitze in den Raum hinein wegkochen.

Die sogenannten planetarischen Nebel sind Sterne, die wir dabei beobachten können, wie sie gerade eine solche Gasschale abstoßen. Was ein Ring zu sein scheint, der den Stern umgibt, ist tatsächlich eine dicke Schale oder eine Blase. Wenn sich diese Schale in den Raum hinein ausdehnt, regt Licht des degenerierten Sterns, den sie hinter sich ließ, das Gas zum Leuchten an. Die zarten Farben der Schale rühren vom Anregungszustand ihrer verschiedenen Gase her, zu denen Wasserstoff, Sauerstoff und Stickstoff gehören. Der Ausdruck ‹planetarisch› ist eine Fehlbenennung, die die astronomische Lexikographie so schwierig machen; er ist die Folge des Irrtums früher Astronomen, die, mit nur kleinen Fernrohren ausgerüstet, eine schwache Ähnlichkeit zwischen diesen Gasschalen und den Scheiben der Planeten unseres Sonnensystems bemerkten.

Planetarische Nebel sind vergängliche Erscheinungen. Jeder von ihnen dehnt sich immer weiter aus, bis er sich schließlich im interstellaren Raum verliert und auflöst. Die planetarischen Nebel in diesen Photographien sind gewöhnlich nur wenige zehntausend Jahre alt; in wenigen weiteren zehntausend Jahren werden sie völlig verschwunden sein. Dann wird sich der zurückgelassene Kern in den meisten Fällen als Zwerg manifestiert haben, der noch lange schwach leuchten kann, bevor er selbst erlischt. Die Phase planetarischer Nebel ist darum nur eine kurze Episode im späten Alter eines Sterns, eine, die vergleichsweise nicht mehr Zeit einnimmt als ein nichttödlicher Herzanfall im Leben eines Menschen.

Jedes Jahr streifen in der Milchstraße einige wenige alte Sterne ihre Haut ab. Das Ergebnis ist, daß Tausende von planetarischen Nebeln ständig unsere Galaxis schmücken. Zusammengenommen bringen sie jedes Jahr soviel Masse in das interstellare Medium, wie zur Bildung von fünf neuen Sternen von der Größe und Masse der Sonne nötig wäre.

AUSBRECHENDE UND EXPLODIERENDE STERNE

Novae und Supernovae sind Sterne, die sich ihrer Masse nicht mit dem normalen Verhalten eines planetarischen Nebels, sondern mit explosiver Heftigkeit entledigen. Der Name ‹Nova›, neuer Stern, ist ein Hinweis auf das Schauspiel, das sie darstellen; eine Nova- oder Supernovaexplosion läßt einen vorher ganz unauffälligen Stern so hell aufflackern, daß er den Himmel beherrscht und damit die Vorstellung nährt, ein neuer Stern sei entstanden, wo vorher keiner war.

Die Begriffe ‹Nova› und ‹Supernova› decken einen beträchtlichen Bereich stellarer Heftigkeit ab; eine sehr unbedeutende Nova muß für den betroffenen Stern nicht viel einschneidender sein als das Herausschleudern von Gas, wenn er zum planetarischen Nebel wird, während eine Supernova wahrhaft apokalyptische Ausmaße an ungestümer Explosion erreichen kann. Wenn wir eines Tages die Mechanismen der Sternexplosionen besser verstehen, könnte es möglich sein, den Supernovae, Novae und planetarischen Nebeln ihre Plätze in einem zusammenhängenden Spektrum zuzuweisen, das beschreibt, wie Sterne auf dem Weg zu ihrem Untergang überflüssigen Ballast abwerfen.

Die spektakulärsten dieser stellaren Todesschauspiele sind zweifellos die Supernovae. Ihre Leuchtkraft kann die von Milliarden normaler Sterne übersteigen, und sie können soviel Masse in den Raum hinausschleudern, wie für etliche Systeme vom Typ unseres eigenen Sonnensystems notwendig wäre. Ein solches Ereignis wäre in der Tat für alles in der Nachbarschaft einer Supernova Existierende ein verheerendes Desaster zu nennen (buchstäblich, denn das Wort ‹disaster› kommt von dem lateinischen Wort für ‹ungünstige Erscheinung eines Sterns›). Planeten des explodierenden Sternes würden verdampfen, und Planeten anderer Sterne, die innerhalb einiger Lichtjahre liegen, würden von einer Strahlungsmenge überflutet, die genügte, sie zu sterilisieren. Doch enthält die zerstörerische Kraft der Natur, wie wir es auch von irdischen Katastrophen wie Waldbränden, Erdbeben und Hurrikanen wissen, auch den Keim der Schöpfung. Explodierende Sterne spielen in der Ökologie einer Galaxie eine lebenswichtige Rolle.

Supernovae bauen schwere Elemente auf. In allen Sternen werden in einem gewissen Umfang fortwährend aus den einfachen Atomen von Wasserstoff und Helium komplizierte Atome aufgebaut. Je massereicher ein Stern ist und je heißer sein Inneres, um so schwerer sind im allgemeinen die Elemente, die er bilden kann. Sehr massereiche Sterne sind in der Lage, so schwere Atome wie die des Eisens zu bilden. Aber darüber hinaus können sie nicht gehen. Eisenatome sind sehr stabil und können auch im Inneren eines heißen Sterns nicht zerbrochen und in noch schwerere Atome umgebaut werden. Wer diese Schranke überschreiten will, braucht eine drastischere Lösung. Eine Supernova stellt genau das dar. In ihrer unvorstellbaren Hitze werden eine Vielfalt schwerer Atome geschmiedet und dann in den interstellaren Raum versprüht.

So sind Supernovae nicht nur himmlische Todeskämpfe, sondern sie stellen zugleich den Leistungshöhepunkt eines Sterns dar, dessen Existenz dem Bau von Elementen gewid-

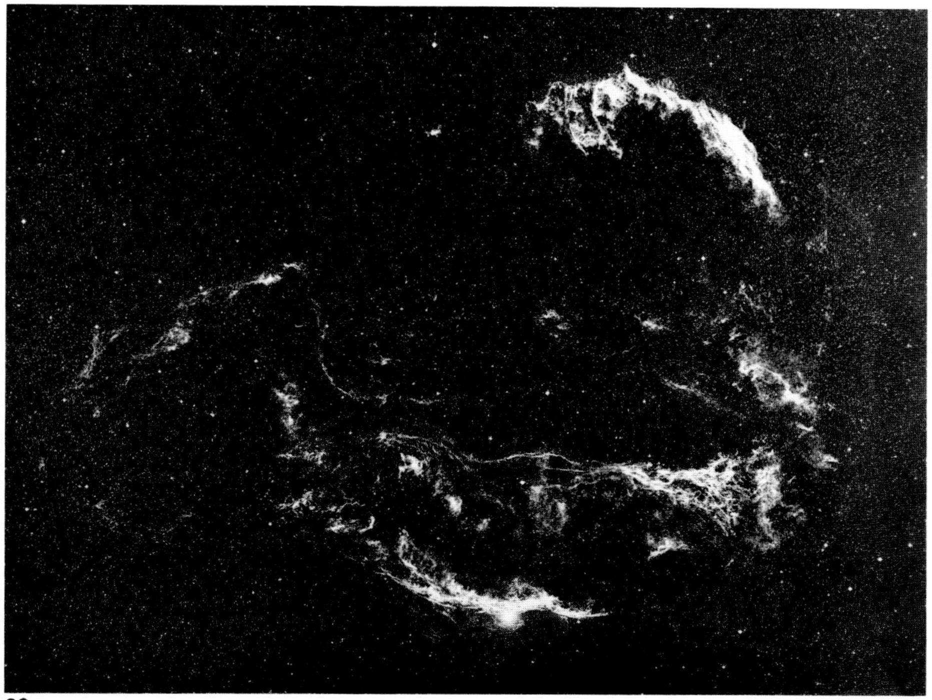

29

29 Der Cirrusnebel (= NGC6960/6992) wurde von einem Stern weggeschleudert, der vor 30000 oder 40000 Jahren explodierte. Jetzt hat er einen Durchmesser von fast 100 Lichtjahren. Er schwillt weiter an wie ein langsam platzender Ballon; seine Ausdehnungsgeschwindigkeit nimmt ständig ab, weil er sich mit interstellaren Wolken verwickelt. Wie ein gigantischer Klettenstrauch beschert er dem interstellaren Medium seinen Reichtum an schweren Elementen.

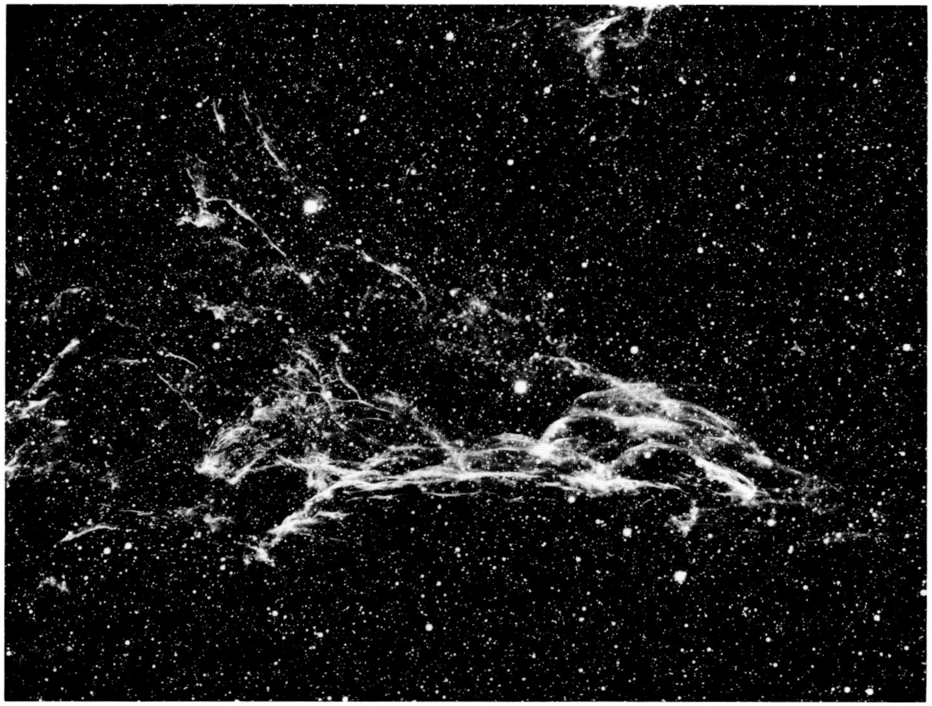

30

30 Einige der Locken des so zutreffend benannten Cirrusnebels (Cirrus ist das lateinische Wort für Haarlocke) sind hier genauer zu sehen; der Ausschnitt, der in dieser Photographie sichtbar ist, erstreckt sich über etwa 20 Lichtjahre.

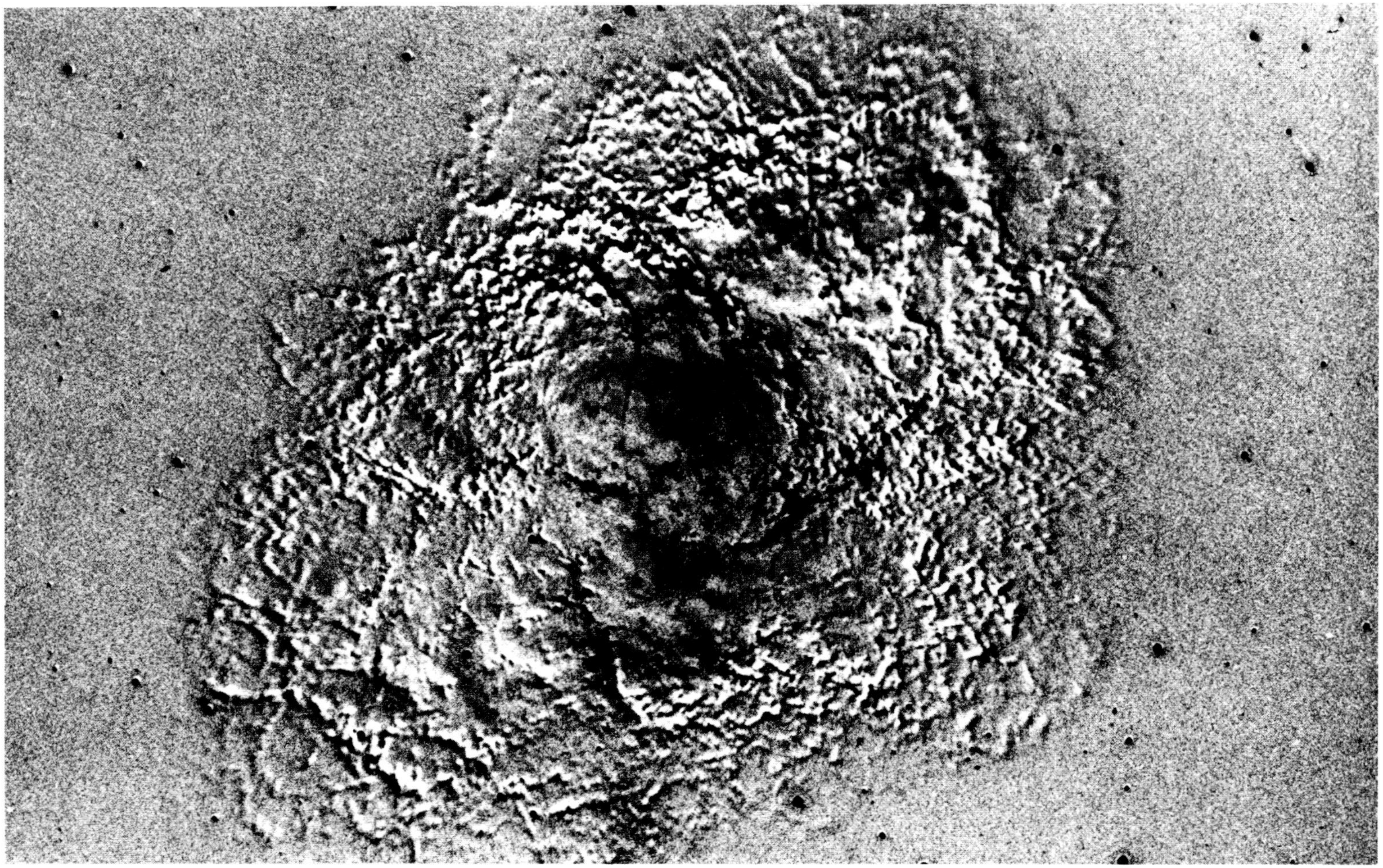

31

met war und dessen Ende nun in einer triumphalen Orgie gipfelt, in deren Verlauf so exotische Atome wie die von Uran und Gold in die kosmische Nachbarschaft ausgesät werden. Sterne und Planeten, die sich nach einer Supernova bilden, erben diese schweren Elemente von der interstellaren Wolke, aus der sie entstehen. Auf diese Weise haben wir die schweren Elemente, die wir hier auf der Erde finden, geerbt: sie sind von explodierenden Sternen, bevor die Sonne und die Erde kondensierten, in das interstellare Medium hineingeschleudert worden.

Es ist ein faszinierender Gedanke, daß das Grundmaterial, aus dem unsere Teleskope gebaut wurden, die erst die Photographien auf diesen Seiten ermöglichten, und die Druckerschwärze dieser Worte in denselben Sternen erschaffen wurden, die wir hier abbilden und beschreiben. Erst die Sterne selbst machen es uns möglich, sie zu untersuchen.

31 Das Überbleibsel der Krebsnebel-Supernova dehnt sich mit einer Geschwindigkeit von fast 1000 Kilometern in der Sekunde aus; im Laufe der Jahre können wir ihn wachsen sehen. Hier ist ein Positiv, in dem der Nebel hell erscheint, mit einem Negativ, das 14 Jahre später, 1964, gemacht wurde, überlagert. Die Ausdehnung der Wolke während dieser 14 Jahre hebt das Dunkel von dem hellen Bild ab und erzeugt eine Halb-Relief-Wirkung.

32 Als Wrack eines explodierten Sterns besteht der Krebsnebel (= M1 = NGC1952) aus einer Materiehülle, die in den Raum geschleudert wurde, als der Stern explodierte, und einem zusammengefallenen Zwerg- oder Neutronenstern.

Wenn ein Stern explodiert, hinterläßt er zwei Arten von Abfall: den, der ins All hinaus geblasen wird, und den, der zurückbleibt. Das Material, das in den Raum geweht wird, dehnt sich aus, bis es sich ganz verteilt hat und mit dem übrigen interstellaren Medium verschmolzen ist. Das zurückbleibende fällt in sich zusammen und wird ein Zwerg oder etwas noch Dichteres, das wir Neutronenstern nennen, oder gar etwas, das so dicht ist, daß es sein eigenes Licht verschlingt, ein schwarzes Loch also.

Der Krebs-Nebel (Seite 59) ist ein Überrest einer Supernova, die sich vor ganz kurzer kosmischer Zeit, nur 5000 Lichtjahre von der Sonne entfernt, erreignete. Sein Licht erreichte die Erde im Juli 1054 und wurde von Chinesen, Arabern und von amerikanischen Indianern beobachtet. Dank seiner Nähe kann der Krebs-Nebel genau untersucht werden. Er bietet uns erstklassiges Anschauungsmaterial, mit Hilfe dessen wir eine Supernova-Autopsie durchführen können.

Die zermalmte Schlacke in seiner Mitte ist alles, was von dem Stern übrigblieb. Sie wurde so dicht zusammengepreßt, daß ein Löffel voll davon Millionen Tonnen wiegen würde. Dies merkwürdige Etwas dreht sich dreißigmal in einer Sekunde und sendet Energiestöße auf den Wellenlängen des sichtbaren Lichts und der Radiowellen aus. Astronomen nennen es einen Neutronenstern, weil er hauptsächlich aus eng gepackten Neutronen besteht, oder einen Pulsar, wenn sie sich auf die Stöße von Radiowellen beziehen, die er aussendet.

Die ihn umgebende Hülle aus Material, das in der Explosion weggeschleudert wurde, glüht, angeregt durch die Strahlung, die sich aus der Schlacke ergießt. Die Farben seiner Faserung rühren hauptsächlich von ionisiertem Wasserstoff, Kohlenstoff und Schwefel her.

Die Wirkung einer Supernova wie der, die den Krebs-Nebel erschuf, sind vielfach und subtil. Einige kommen uns sogar nah; energiereiche Teilchen der Art, die wir kosmische Strahlung nennen, werden von dem Überrest erzeugt, und einige von diesen treffen die Erde, wo sie womöglich genetisches Material in Keimzellen zerbrechen können und damit Mutationen erzeugen, die, wenn auch fast unmerklich, den Lauf der Evolution hier auf der Erde verändern. Nicht weniger wichtig sind für die Geschichte der Menschheit die intellektuellen Auswirkungen, die der Anblick einer Supernova erzeugt. So wurde zum Beispiel 1572 der dänische Astronom Tycho de Brahe als etwa zwanzigjähriger junger Mann durch die Beobachtung einer Supernova ermutigt, die philosphische Autorität des Aristoteles in Frage zu stellen, der das Reich der Sterne für ewig unveränderlich gehalten hatte.

SCHWARZE LÖCHER

Der Kosmos ist so überreich an Objekten, die wir sehen können – Sterne, helle Nebel, die Planeten hier in unserem Sonnensystem –, daß wir darüber vernachlässigen könnten, wie viel es im Weltall gibt, das wir nicht sehen. Ein beträchtlicher Teil der Masse des Universums, vielleicht sogar der größte Teil, ist unauffällig oder sogar unsichtbar.

Die meisten unauffälligen Bestandteile des Kosmos werden früher oder später entdeckt werden können, wenn nur die technische Ausrüstung gut genug ist. Heute unauffindbare Planeten anderer Sterne werden mit eigens konstruierten Fernrohren, die vom Weltraum aus beobachten, erkennbar sein. Zwergsterne, zu schwach, um mit den existierenden Teleskopen photographiert zu werden, werden wohl sichtbar werden, wenn Teleskope mit weit größerem Lichtsammelvermögen gebaut werden können. Materie in stark verdünnter Form, wie die intergalaktischen Wolken aus kaltem Wasserstoff, die wir im intergalaktischen Raum finden, können entdeckt werden, wenn die Energie, die ihre verstreuten Atome in den unsichtbaren Wellenlängen der Radio- oder Röntgenstrahlung ausschicken, aufgezeichnet werden kann.

Aber es gibt eine Form, die Materie annehmen kann, die sie wirklich unsichtbar macht, sie für immer dem Blick verbirgt – ein schwarzes Loch.

Der Ausdruck ‹schwarzes Loch› beschreibt die äußere Erscheinung einer Klasse astronomischer Objekte, die zu so hoher Dichte zusammengepreßt wurden, daß ihr Gravitationsfeld sogar das eigene Licht am Entkommen hindert. Ein schwarzes Loch hat sich in der Tat von der Außenwelt zurückgezogen. Aus ihm geht keinerlei Energie hervor. Ein schwarzes Loch gibt uns kein Bild von sich, und wenn wir versuchten, von ihm einen Schnappschuß zu machen, würde es einfach das Blitzlicht verschlucken. Daher sein Name.

Astrophysiker stellen sich verschiedene Möglichkeiten vor, wie schwarze Löcher entstanden sein könnten. Eine dieser Theorien bezieht sich auf den Kollaps des Sterninneren. Wir haben gesehen, daß massereiche Sterne, die als Supernova explodierten, degenerierte Kerne hinter sich gelassen haben, die im Griff ihrer eigenen Gravitation gefangen waren und nicht länger durch die bei der Kernverschmelzung entstehende Energie gestützt wurden. Sie können zu hochverdichteten Objekten zusammenfallen, die wir als Neutronensterne kennen.

Wenn aber der Kern, der nach einer Supernova zurückbleibt, genug Masse hat (mehr als etwa drei Sonnenmassen), dann könnte er geradewegs durch das Neutronenstadium hindurch kollabieren und so klein und gravitationsmächtig werden, daß er das Licht verschluckt, das er erzeugt.

Eine andere theoretische Möglichkeit ist, daß schwarze Löcher sich beim Kollaps von noch massereicheren Objekten wie den Kernen von Galaxien oder großer Kugelhaufen bilden. Oder man könnte sich Mini-Schwarze Löcher vorstellen, winzig wie subatomare Teilchen.

Dies sind die theoretischen Möglichkeiten. Ob schwarze Löcher existieren und wie viele, hängt davon ab, wie weit die Natur auf den Wegen ging, die ihr theoretisch offenstanden. Unsere Erfahrung hier auf der Erde weist darauf hin, daß die Natur viele exotische Wege geht, andere jedoch bisweilen auch abrupt ins Leere laufen läßt. Wenn wir von dieser Erfahrung aus über die Erde hinaus schließen, können wir uns eine noch ungeheuer größere Vielfalt vorstellen.

Falls massereiche Sterne zu schwarzen Löchern zusammenfallen, so können wir schätzen, daß es heute in der Milchstraße etwa einhundert Millionen schwarze Löcher gibt, wovon jedes ein Überbleibsel eines riesigen Sterns wäre, der in der Vergangenheit explodierte. Falls zusätzlich die Kerne vieler Galaxien schwarze Löcher beherbergen, dann könnte man erwarten, daß jedes zehntausendmal soviel wiegt wie die Sonne, weil diese schwarzen Löcher im Übermaß Gelegenheit hatten, interstellares Gas und andere Massen, die in der engbevölkerten galaktischen Mitte für sie erreichbar waren, zu verschlingen. Und falls – als Extremfall – jene Wissenschaftler recht haben, die allgegenwärtige subatomare schwarze Löcher für möglich halten, dann könnte mehr als neunzig Prozent der Masse des Universums im Reich des Unsichtbaren verborgen sein; das allerdings würde den sichtbaren Kosmos zu einer Art Abklatsch von etwas Größerem, Unvorstellbarem degradieren. Es bleibt zukünftiger Beobachtung überlassen, wo auf diesem Spektrum eines Universums ohne schwarze Löcher bis hin zu einem Universum, das fast ganz aus schwarzen Löchern besteht, die Wahrheit liegt.

Nach schwarzen Löchern zu suchen, ist eine Suche von der Art, wie sie Lewis Carroll Spaß gemacht hätte. Man sucht nach dem Unsichtbaren. Wie macht man das?

Ein aussichtsreiches Verfahren besteht darin, nach Wirkungen der schwarzen Löcher auf ihre Umgebung zu suchen. Dies könnte man ‹die Methode des unsichtbaren Mannes› nennen – nach der Person in H. G. Wells Zukunftsroman, die sicher ist, solange sie nichts tut, was ihre Umgebung bemerken könnte, aber riskiert, entdeckt zu werden, sobald sie jemandem in den Weg läuft oder gar versucht, sich davonzustehlen. Die unendlich hungrigen schwarzen Löcher vereinnahmen alles, was ihnen nahe genug kommt. Ein in eine interstellare Wolke eingebettetes schwarzes Loch verschluckt Teile dieser Wolke. Ein schwarzes Loch in einem Doppelsternsystem entzieht seinem Partnerstern Masse, sowie er ihm nah genug kommt, und verbraucht sie für sich. Ein ‹Weideplatz› schwarzer Löcher sollte daran zu erkennen sein, daß Energie, vor allem Röntgenstrahlung, von der zum Untergang bestimmten und in das schwarze Loch hineinwirbelnden Materie abgestrahlt wird.

Mit Hilfe von Röntgenteleskopen in Erdsatelliten ist es gelungen, verschiedene Quellen von Röntgenstrahlung zu entdecken, die sehr wahrscheinlich schwarze Löcher sind. Der zuerst entdeckte Anwärter war Cygnus X-I. Hier ist das schwarze Loch, falls es eines ist, Teil eines etwas über 6000 Lichtjahre entfernten Doppelsternsystems. Der sichtbare Stern in diesem System hat eine Masse, die dreißig Sonnenmassen gleichkommt, während sein Partner, das vermeintliche schwarze Loch, etwa sechs Sonnenmassen hat.

Andere mächtige Röntgenstrahlungsquellen wurden in Bereichen identifiziert, in denen wir wohl schwarze Löcher vermuten können. Dazu gehören die Kerne einiger Galaxien und massereicher Kugelsternhaufen.

Der ‹Ereignishorizont› eines schwarzen Lochs, die Grenze, aus deren Innerem nichts entkommen kann, scheint unantastbar zu sein. Deswegen vielleicht sind schwarze Löcher eine solche Herausfoderung für die Vorstellungskraft der Menschen, denn wenn überhaupt, dann wurden nur wenige absolute Grenzen in der Natur gefunden. Die Geschichte der Menschen ist voller Geschichten darüber, wie sie jeweils überwunden wurden – der Rand der Welt, die Schallgeschwindigkeit, die Weltraumfahrt –, und die Reaktion eines Menschen, dem gesagt wird, keiner könne den Ereignishorizont eines schwarzen Lochs überschreiten und zurückkommen, wäre wohl, sofort nach einem Weg zu suchen, das System der schwarzen Löcher zu überlisten.

Die Struktur des Milchstraßensystems

Wenn wir uns die Sterne und interstellaren Wolken um uns herum anschauen, sehen wir, daß sie nicht zufällig, sondern nach einem Muster angeordnet sind. Die meisten sind in einer flachen Scheibe angesiedelt, von der wir heute wissen, daß sie die Scheibe unserer Galaxis ist. Sie erscheint aus unserem Blickwinkel wie ein breiter Strom von Licht, der über den Himmel hinfließt und mit dem gemeinsamen Licht von Myriaden Sternen leuchtet – die Milchstraße. Als wir einmal erkannt hat-

---

33 Reiche Felder von Sternen und interstellarem Gas und Staub kennzeichnen das Milchstraßensystem in der Richtung zum Sternbild Schwan. Hier findet sich eine riesige Gasblase, die anscheinend von einer Reihe explodierender Sterne erzeugt wurde, und die Röntgenquellen Cygnus X-1, die vielleicht ein schwarzes Loch ist (Seite 62).

34 Die Milchstraße. Wenn wir zum Zentrum unserer Galaxis hinsehen, erblikken wir Hunderte von Millionen Sterne, die wie unsere Sonne in der abgeflachten Ebene der Galaxis liegen. Diese Teile des Milchstraßensystems finden wir am Südhimmel in der Richtung des Sternbilds Schütze (Seite 63).

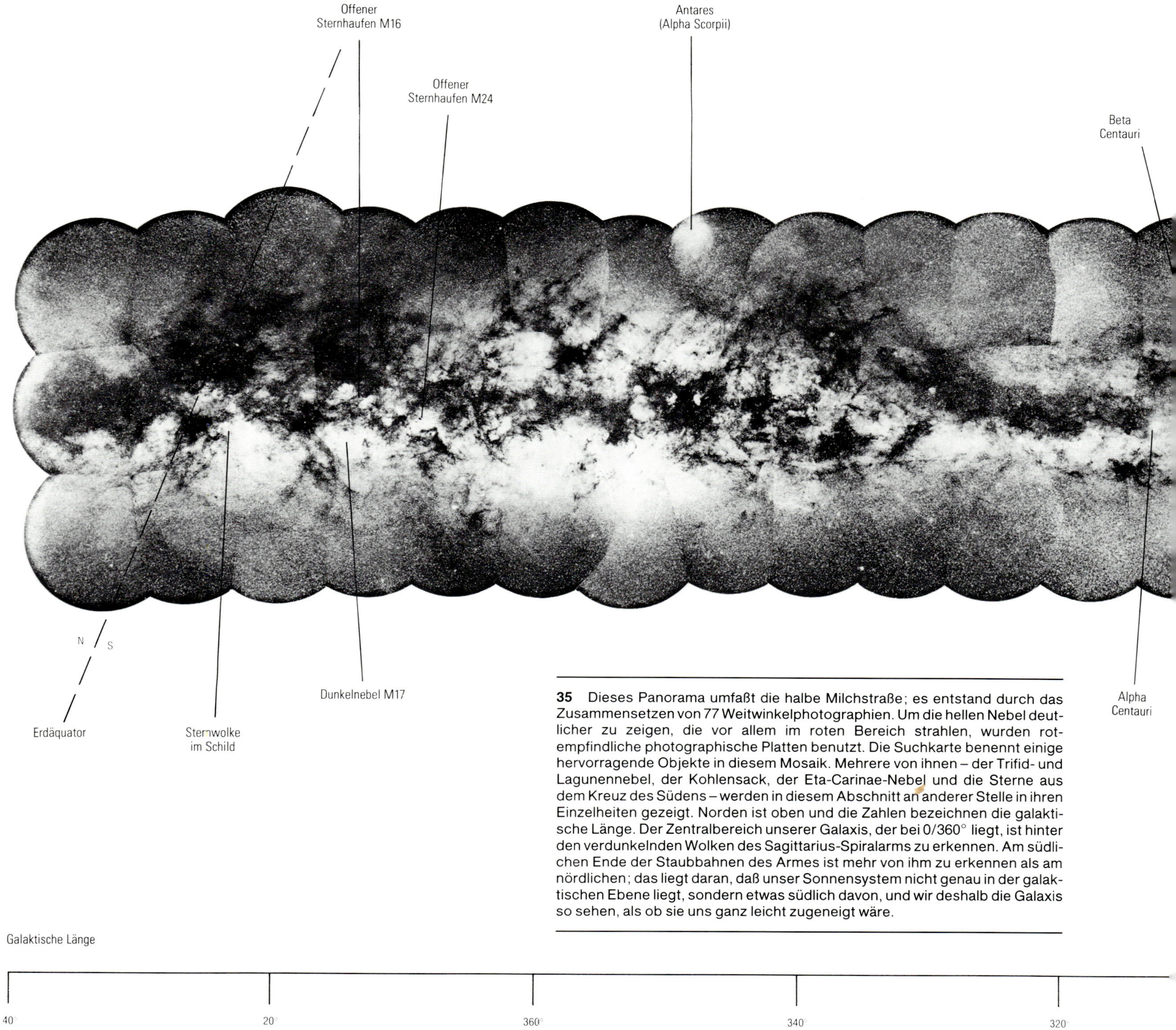

35 Dieses Panorama umfaßt die halbe Milchstraße; es entstand durch das Zusammensetzen von 77 Weitwinkelphotographien. Um die hellen Nebel deutlicher zu zeigen, die vor allem im roten Bereich strahlen, wurden rotempfindliche photographische Platten benutzt. Die Suchkarte benennt einige hervorragende Objekte in diesem Mosaik. Mehrere von ihnen – der Trifid- und Lagunennebel, der Kohlensack, der Eta-Carinae-Nebel und die Sterne aus dem Kreuz des Südens – werden in diesem Abschnitt an anderer Stelle in ihren Einzelheiten gezeigt. Norden ist oben und die Zahlen bezeichnen die galaktische Länge. Der Zentralbereich unserer Galaxis, der bei 0/360° liegt, ist hinter den verdunkelnden Wolken des Sagittarius-Spiralarms zu erkennen. Am südlichen Ende der Staubbahnen des Armes ist mehr von ihm zu erkennen als am nördlichen; das liegt daran, daß unser Sonnensystem nicht genau in der galaktischen Ebene liegt, sondern etwas südlich davon, und wir deshalb die Galaxis so sehen, als ob sie uns ganz leicht zugeneigt wäre.

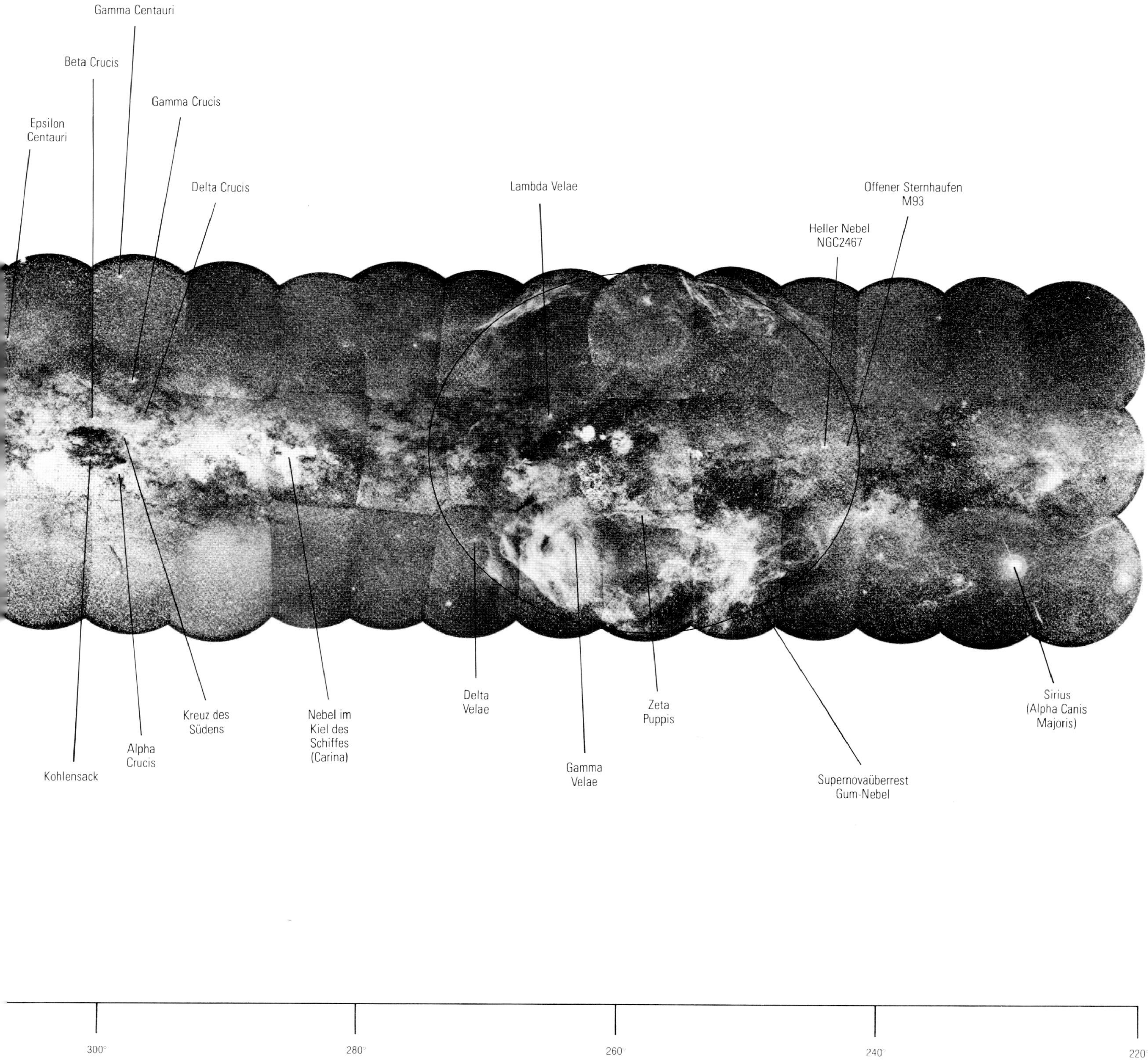

Gamma Centauri
Beta Crucis
Gamma Crucis
Epsilon Centauri
Delta Crucis
Lambda Velae
Offener Sternhaufen M93
Heller Nebel NGC2467
Kohlensack
Alpha Crucis
Kreuz des Südens
Nebel im Kiel des Schiffes (Carina)
Delta Velae
Gamma Velae
Zeta Puppis
Supernovaüberrest Gum-Nebel
Sirius (Alpha Canis Majoris)
300°
280°
260°
240°
220°

ten, daß sie in der Tat die Ansicht unserer eigenen Galaxis darstellt, haben wir unsere ganze Galaxis nach ihr benannt.

Die Photographien auf diesen Seiten und das Mosaik auf den vorangegangenen Seiten zeigen Teile der Milchstraße, die zur Mitte der Galaxis hin liegen. Unsere Sonne ist über die Hälfte von der Mitte entfernt, und so sind die reichsten Sternenfelder aus unserer Sicht jene, die von uns aus zur Mitte hin liegen, nicht die zum Rande hin.

Das Überwältigende dieses Anblicks wird noch gesteigert, wenn wir ihn uns dreidimensional vorzustellen versuchen. Die interstellaren Wolken zeigen deutliche Zeichen einer räumlichen Ausdehnung: man sieht, wie ihre Schlingen und Girlanden Tiefe haben wie die gebogenen Rippen eines Skeletts. Die Konzentrierung interstellaren Materials in der Ebene der Galaxis ist typisch für Spiralgalaxien; man vergleiche diesen Anblick mit dem der externen Galaxie (NGC2683), die von der Seite her gesehen wird (Seite 111).

II
Die Lokale Gruppe von Galaxien

Und da ließ Er mich ein kleines Ding schauen
in der Größe einer Haselnuß,
das in meiner Hand lag
und das meinem Verstand nach so rund war
wie irgendeine Kugel.
Ich blickte es an und dachte:
Was mag dies wohl sein?
Und mir wurde die Antwort zuteil:
‹Es ist alles, was erschaffen wurde.›
Juliana von Norwich

DIE LOKALE GRUPPE

Die Magellanschen Wolken

Die uns nächsten Galaxien sind die Magellanschen Wolken. Sie heißen so, weil sie durch die Mannschaft von Ferdinand Magellan in der westlichen Kulturwelt bekannt wurden. Magellan war bei seiner Reise um die Erde weit in den Süden gekommen, und am Südhimmel kann man diese Wolken sehen. Sie werden wegen ihrer weichen Umrisse und ihres Schimmerns ‹Wolken› genannt; sie sehen aus wie Fetzen, die von der Milchstraße abgerissen worden sind. In den ersten Jahrzehnten des zwanzigsten Jahrhunderts fand man in den Magellanschen Wolken eine Reihe von veränderlichen Sternen der Art, die man Cepheiden nennt und die für die Astronomen als Entfernungsmesser von unschätzbarem Wert sind. Ihre Entdeckung machte es möglich, zu beweisen, daß diese Wolken zu weit entfernt sind, um zu unserer Milchstraße zu gehören. Sie sind selbst Sternsysteme. Die Große Magellansche Wolke ist ungefähr 150 000 Lichtjahre von der Sonne entfernt und die Kleine Magellansche Wolke ungefähr 250 000. Die beiden ‹Wolken› sind nicht ganz 100 000 Lichtjahre voneinander getrennt.

Die ‹Wolken› liegen im Gravitationsfeld unseres Milchstraßensystems und umkreisen es als Satelliten. Diese Anordnung finden wir oft im Weltall: kleine Sternsysteme umkreisen größere, und ein großer Spiralnebel wie unsere Milchstraße umgibt sich oft mit mehreren Trabanten. Im Fall der Milchstraße sind zwei dieser Trabanten – die Magellanschen Wolken – beträchtlich größer als die anderen. Die große Wolke hat ungefähr 15 Milliarden Sterne, die kleine ungefähr 5 Milliarden.

Die Umlaufbahnen der Magellanschen Wolken liegen in einem gewaltigen Fluß aus kaltem Wasserstoff, dem Magellanschen Strom, in ihm schwimmen die Wolken. Mindestens zwei andere Trabanten unserer Milchstraße – die Zwerggalaxien im Drachen und im großen Bären – laufen auch auf Bahnen, die in diesem Gasstrom liegen. Er besteht aus mindestens sechs Wolken, die durch Schwaden dünneren Gases verbunden sind. Jede enthält genug Gas für einige 10 Millionen Sterne mit Sonnenmasse. Wir wissen nicht genau, woher dieser Strom kommt. Er könnte aus Gas bestehen, das unter dem Einfluß der Gravitation durch die Magellanschen Wolken der Milchstraße entzogen wurde. Er könnte aber auch aus Urgas bestehen, das sich im heftigen Wettstreit der Schwerkraft zwischen den Wolken und der Milchstraße niederlassen konnte, ohne ein Bündnis einzugehen. Ähnliche kalte Wolken hat man in der Umgebung anderer Galaxien gefunden, oft auch in Verbindung mit deren Satelliten.

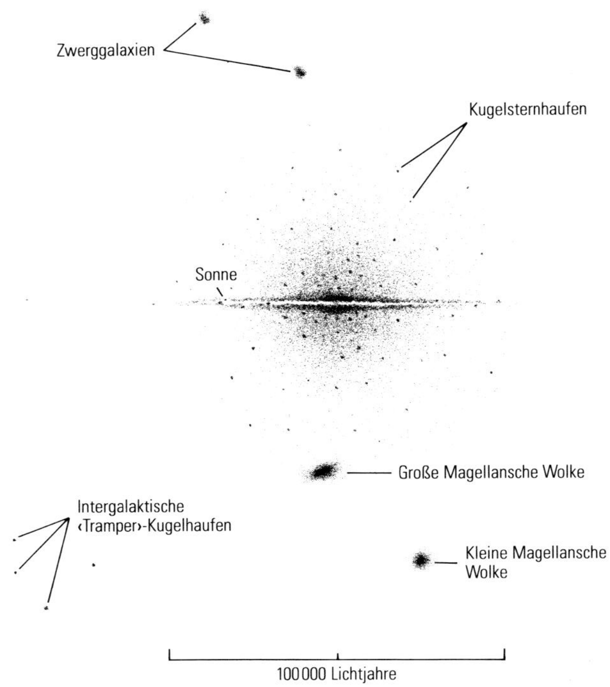

Abbildung 4. Die Lage der Magellanschen Wolken
Im äußeren Bereich der Milchstraße liegen Zwerg-Satellitengalaxien und einige wenige entfernte Kugelsternhaufen. Die beiden großen, unter dem Namen Magellansche Wolken bekannten Satelliten sind in dieser Perspektive im Vordergrund; man sollte sie sich einige Zentimeter oberhalb der Seite vorstellen.

36 Die Große Magellansche Wolke ist nur 150 000 Lichtjahre entfernt. So sind ihre Einzelheiten erkennbar, und sie zeigt vieles, was wir aus unserer eigenen Galaxis kennen; die rötliche Gaswolke am einen Ende, der Tarantelnebel, gehört zu derselben Sorte wie die Orion- und Trifidnebel hier in der Milchstraße; mit einem Durchmesser von 800 Lichtjahren und einer Masse von möglicherweise 300 000 Sonnenmassen ist es der größte bekannte Nebel dieser Art. Wenn er uns so nahe wäre wie der Orion, wäre er so hell wie der Mond.

Abbildung 5

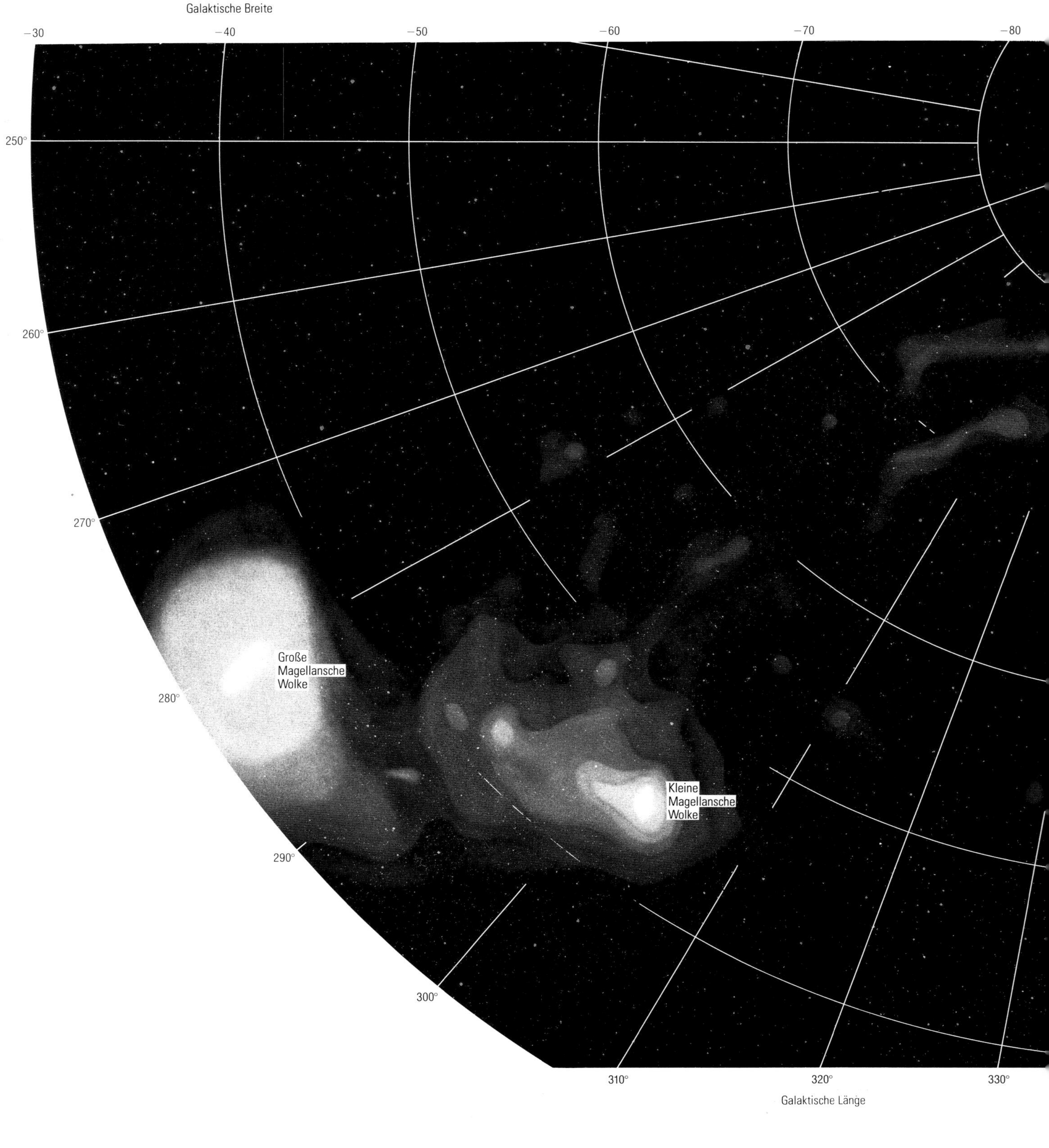
Galaktische Breite
−30
−40
−50
−60
−70
−80
250°
260°
270°
280°
290°
300°
Große
Magellansche
Wolke
Kleine
Magellansche
Wolke
310°
320°
330°
Galaktische Länge

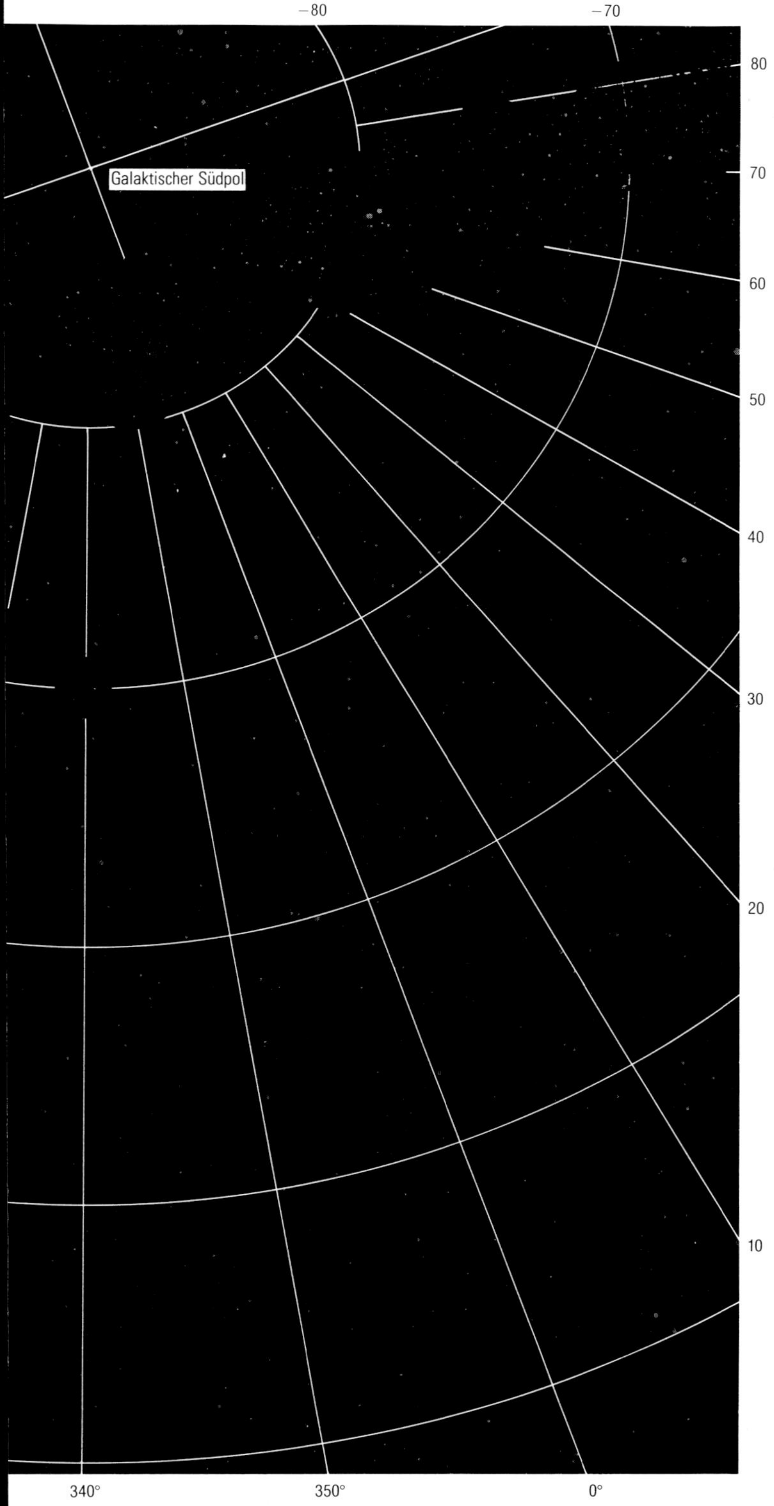

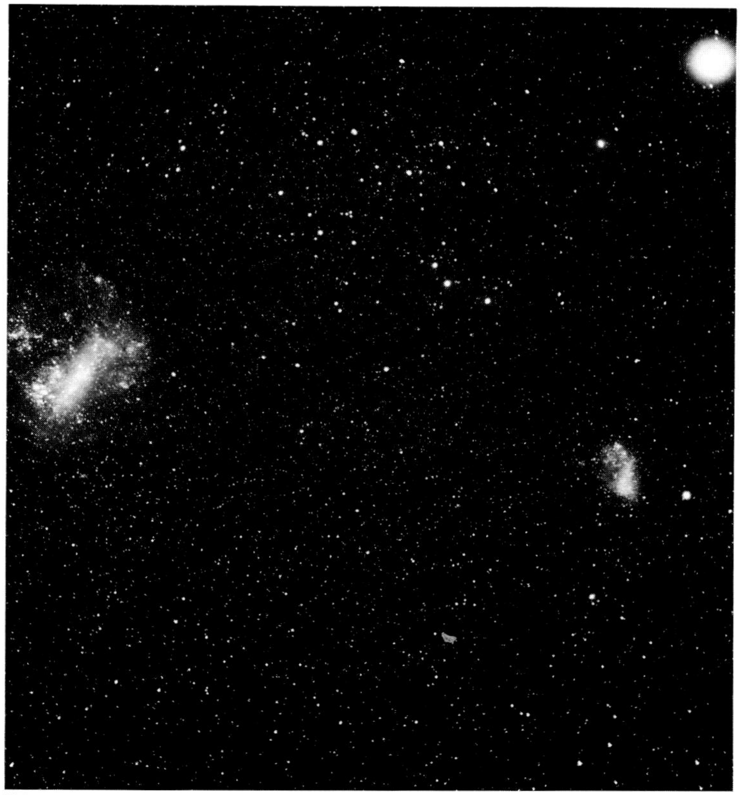

37

Abbildung 5. Der Magellansche Strom
Diese riesige Schleife aus kaltem Wasserstoffgas, die unsere Galaxis umgibt, wurde Magellanscher Strom genannt, weil sie entlang der Bahn liegt, die die Magellanschen Wolken beschreiben. Die Wolken sind am unteren Ende dieser Karte zu sehen, die aufgrund der Radiostrahlung des intergalaktischen Gases erstellt wurde. Die Koordinaten sind die galaktische Länge und Breite.

37 Die Große und die Kleine Magellansche Wolke kommen einander so nahe, daß man denken könnte, es sei ihnen bestimmt, in eine einzige Galaxie zu verschmelzen.

38

38 Diese Photographie der Kleinen Magellanschen Wolke, die länger belichtet wurde als das gegenüberliegende Farbphoto, zeigt weniger die feinen Einzelheiten des Zentralbereichs, dafür aber mehr von den äußeren Sternen dieser kleinen Galaxie. Der überbelichtete Lichtfleck nahe am Rand ist der Kugelhaufen 47 Tucana, der etwa halb so weit von uns entfernt ist wie die Kleine Magellansche Wolke.

39 Die Kleine Magellansche Wolke (rechts), ein Satellit unseres Milchstraßensystems, enthält viele junge blaue Sterne, während der andere Satellit, die Große Magellansche Wolke (Seite 71), ältere, rote Sterne beherbergt.

41 Der Zentralbereich der Andromedagalaxie zeigt, wenn man ihn genau betrachtet, zarte Ranken von Staub und Gas, die sich über Tausende von Lichtjahren erstrecken. Die weiße Spur oben links im Bild ist die Bahn eines Erdsatelliten, der vorbeizog, während dieses Bild belichtet wurde.

42 Die Zentralgebiete des Andromedanebels erscheinen auf dieser Schwarzweiß-Photographie mit noch mehr Einzelheiten. Wir können die Mitte unserer eigenen Galaxis nicht so genau sehen, weil uns die Sicht dahin von interstellaren Wolken versperrt wird.

43–45 Die Zentralbereiche (**45**) und die äußeren Spiralarme (**43, 44**) der Andromedagalaxie sind hier in Einzelsterne aufgelöst. Wenn sie auch so zahlreich wie Sandkörner erscheinen, sind die hier sichtbaren Sterne doch nur ihre hellsten Sterne; die noch zahlreicheren, schwächeren Sterne, wie etwa unsere Sonne, liegen unterhalb der Belichtungsschwelle.

42

43

44

45

46

48

47

49

50

46, 47 Die zwei großen Satellitengalaxien der Andromeda, M32 (oben) und NGC205 (unten), bestehen vor allem aus alten Sternen; darin unterscheiden sie sich von der Kleinen Magellanschen Wolke, einem der Satelliten des Milchstraßensystems, die auch viele junge Sterne enthält.

48, 49 NGC147 (oben) und NGC185 (unten), zwei der entfernteren Satelliten der Andromedagalaxie, sind mehrere 100000 Lichtjahre von ihrer elterlichen Galaxie entfernt.

50 Galaxien strahlen Energie nicht nur in Form von Licht, sondern auch in anderen Wellenlängen des elektromagnetischen Spektrums aus, darunter auch in dem Bereich, den wir Radiobereich nennen. Diese Radiokarte, die einer Photographie der Andromedagalaxie überlagert ist, zeigt Radiostrahlung, die vom Kern und den Spiralarmen der Galaxie stammt.

Die Galaxie M33

M33, ein verhältnismäßig kleiner Spiralnebel der Lokalen Gruppe, wird auf weniger als zwanzig Milliarden Sterne geschätzt. Ihr winziger Kern enthält weniger als zwei Prozent der Gesamtmasse der Galaxie. Den größten Teil der übrigen Masse findet man in der spindelähnlichen Scheibe. Die Sternpopulation von M33 ist sehr verschiedenartig; junge blaue Sterne, alte rote Riesen und eine Vielfalt von Zwischenformen gehören dazu.

Radiountersuchungen von M33 haben gezeigt, daß ihre äußeren Arme aus der Ebene der Galaxie herausgezogen sind, auch wenn man das im Photo (rechts) nicht sehen kann. Der Grund dafür ist unbekannt. Keine Galaxie scheint der M33 so nahe zu sein, daß sie durch ihre Schwerkraft diese Wirkung hervorgerufen haben könnte. Intergalaktische Wolken aus kaltem Wasserstoffgas könnten durch ihre Schwerkraft M33 so verzerrt haben, wenn die Wolken genug Masse hätten. Radioastronomen haben Anzeichen für solche Wolken in der Nähe gefunden, und es könnte durchaus sein, daß diese intergalaktischen Wolken M33 so aus der Fasson gebracht haben.

Der Andromedanebel muß am Himmel von M33 ein wunderschöner Anblick sein. Er ist nur ungefähr 700 000 Lichtjahre entfernt und bietet M33 einen offeneren Anblick seiner Spiralstruktur als die Perspektive, in der wir ihn von der Milchstraße aus sehen. Wenn unser Sonnensystem in M33 läge, erschiene uns der Andromedanebel wie ein sanft glühender Bienenkorb aus Licht, dessen Durchmesser mehr als ein dutzendmal der des Vollmondes wäre.

51 Die Spiralgalaxie M33 (= NGC598), die zur Lokalen Gruppe gehört und in der Nähe der Andromedagalaxie liegt, zeigt sich unserer Galaxis fast genau von vorn.

Maffei I

Die Bildhauer-Zwerggalaxie

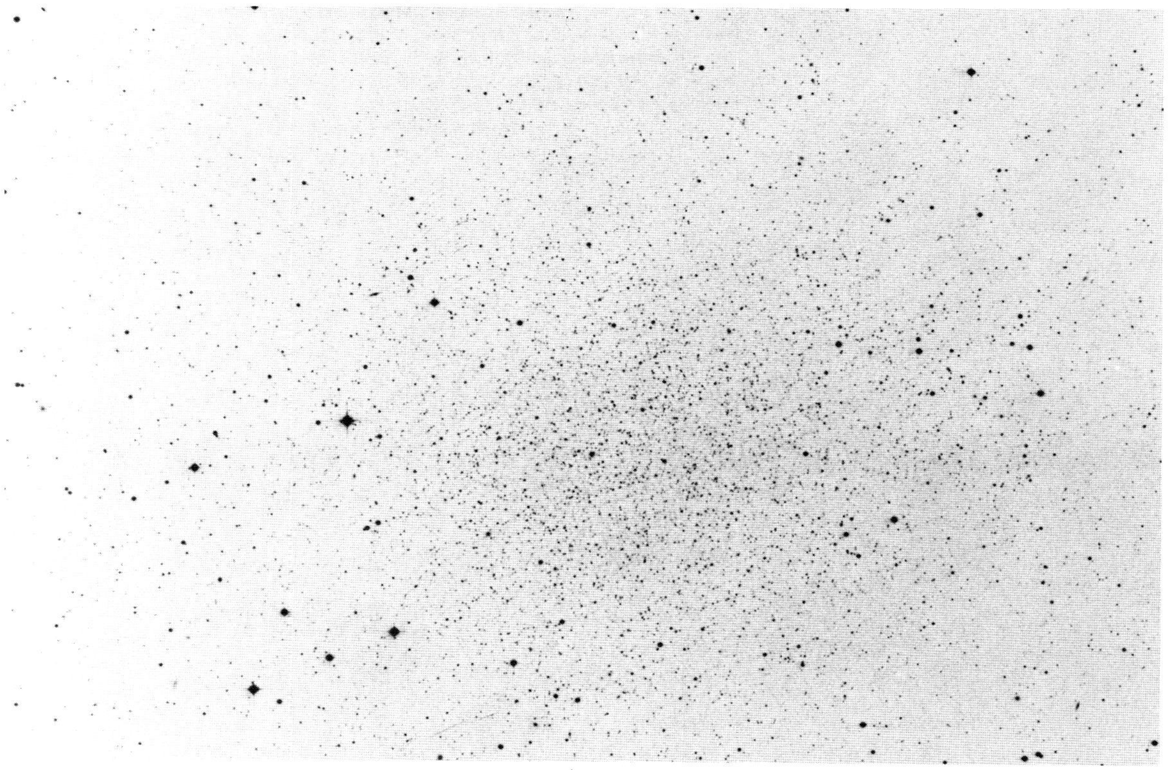

52 Die wenigen Sterne der Bildhauer-Galaxie, die ein Zwerg mit nur 8000 Lichtjahren Durchmesser ist, sind hier in einem Negativ zu sehen, das die Sterne schwarz und den Himmel weiß zeigt.

Im Himmel wie auf der Erde finden wir eine Fülle von Beispielen für das, was Shakespeare ‹die Bescheidenheit der Natur› nennt, ihre Vorliebe für das Anspruchslose, das Unauffällige und das Kleine. Auf der Erde finden wir mehr Plankton als große Fische, mehr Insekten als Menschen, Staub überall, Gold selten. In unserem Sonnensystem sind am zahlreichsten nicht riesige Planeten wie Jupiter und Saturn oder auch nur mittlere wie die Erde, sondern Schwärme winziger Planeten, die Asteroiden heißen, wenige davon nur so groß wie ein Schiffsrumpf. In unserer Galaxis sind die meisten Sterne Zwerge. Und die meisten Galaxien sind nicht große Systeme wie die Milchstraße oder der Andromedanebel, sondern Zwerggalaxien.

Die Lokale Gruppe enthält Dutzende von Zwerggalaxien. Sie sind so winzig, daß sie alle zusammen weniger als ein Zehntel zu der Gesamtmasse der Gruppe beitragen.

Die Sterne der Bildhauer-Galaxie (52) entsprechen alle zusammen nur etwa 2 Millionen Sternen von Sonnengröße. Die Galaxie ist so locker angeordnet, daß wir geradewegs durch sie hindurchsehen können. Sie hat keinen sichtbaren Kern, und ihr fehlen die interstellaren Wolken, die sonst Spiralen kennzeichnen.

Das Fehlen interstellarer Wolken könnte an der relativ geringen Gravitationsanziehung einer Galaxie liegen, die so mager ist wie Skulptor. Wir glauben, daß große Galaxien interstellares Material auf zwei Arten anhäufen, nämlich einerseits durch das Aufsaugen interstellaren Gases, während sie durch den Raum ziehen, und andererseits dadurch, daß ihre Sterne in Form von Sternwinden, planetarischen Nebeln, Novae und Supernovae Materie ausschütten. Aber für eine kleine Galaxie wie die Bildhauergalaxie hat keine dieser Methoden eine Wirkung. Ihre Gravitationskraft reicht nicht aus, um den interstellaren Wolken viel Gas entreißen zu können, von denen einige viel massereicher sind als Skulptor selbst. Und es gelingt ihr nur schwer, das festzuhalten was ihre eigenen Sterne ausschleudern; wenn zum Beispiel in der Bildhauer-Galaxie ein Riesenstern explodiert, fliegt die Hülle des von ihm ausgestoßenen Materials einfach in den intergalaktischen Raum hinein.

Die Bildhauer-Galaxie ist ein Satellit der Milchstraße und umläut sie auf ungefähr derselben Bahn wie die Magellanschen Wolken. Ein Strom von Gas, der Magellansche Strom, markiert ihre Bahn. Es gibt Hinweise dafür, daß eine Reihe von Zwerg-Satelliten des Milchstraßensystems auf einer Art Großkreis liegen, den der Magellansche Strom darstellt. In diesem Falle würde unsere Galaxis von einer Kette kleiner Galaxien umkreist.

III
Form und Vielfalt der Galaxien

Für die Sehenden ist der Kosmos eine Einheit
Heraklit

Eine Reise durch intergalaktischen Raum

Wir verlassen die Lokale Gruppe. Unsere Geschwindigkeit nähert sich der des Lichts, und die Zeit an Bord verstreicht im Vergleich mit der des Weltalls im ganzen immer langsamer. In unseren Augen betreibt der Kosmos vor uns sein Geschäft mit verrückter Eile. Planeten wirbeln durch ihre Bahnen. Sterne bilden sich und sterben zwischen Frühstück und Abendessen. Wir eilen weiter.

Wir sind in die tiefen Räume hineingekommen, die zwischen Gruppen von Galaxien liegen. Die vertrauten Spiralen von Andromeda und der Milchstraße sind geschrumpft, bis sie kleiner sind als ein Fingernagel an einer ausgestreckten Hand. Ohne durch irgend etwas Besonderes in unserer unmittelbaren Nähe abgelenkt zu werden, befinden wir uns hier nun in alleiniger und gleichwertiger Gesellschaft mit allem – mit all den Galaxien –, die in allen Richtungen durch den Raum schweben. Wir verbringen unsere Zeit damit, sie durch das Fernrohr unseres Raumschiffes zu beobachten.

Was wir sehen, erinnert uns an die Heimat.

Daheim auf der Erde, so erinnern wir uns, verbindet alle natürlichen Dinge eine tiefe Verwandtschaft. So verschiedene Dinge wie Schneeflocken und Steine stellen sich als Kombinationen von Atomen aus einem gemeinsamen Elementenvorrat heraus. So verschiedene Lebewesen, wie ein Rüsselkäfer oder der Mensch, sind, so fand man, nicht nur aus demselben Elementevorrat gemacht, sondern auch nach dem Muster einer einzigen Molekülsorte, dem DNA. All die Schöpfungen unseres Planeten können als nach wenigen Grundprinzipien der Physik gebildet verstanden werden. Und doch, bei all ihrer Verwandtschaft konnten nie zwei völlig gleiche Dinge gefunden werden – keine zwei identischen Schneeflocken oder Steine, Rüsselkäfer oder Menschen. Das Wesen der Natur scheint zu sein, alles zu versuchen und doch nie dasselbe zu tun.

Jetzt finden wir denselben Grundsatz auch bei den Galaxien. Sie alle funktionieren im Wirkungsbereich physikalischer Prinzipien. Jede Galaxie muß sich zum Beispiel auf der Bahn durch den Raum bewegen, die ihr die Gravitationswechselwirkung mit ihren Nachbarn und mit den Massen des Weltalls im großen vorschreibt; keine Galaxie kann einfach, unter Nichtbeachtung dieser Gesetze, ausreißen. Die Stoffverwandtschaft der Galaxien reicht sehr weit. All ihre Materie ist, soweit wir sehen können, aus verschiedenen Mischungen derselben Art von Atomen gemacht, die wir auf der Erde kennengelernt haben.

In der Tat zeigen sich Ordnung und Regelmäßigkeit so deutlich in den Erscheinungsformen der Galaxien, daß wir sie in Klassen einteilen können.

Ungefähr die Hälfte der Galaxien, die wir sehen, sind spiralig wie das Milchstraßensystem. Einige von uns verspüren patrio-

tischen Stolz, weil ihre Heimatgalaxis zur im Weltall am weitesten verbreiteten Sorte gehört. Andere veranlaßt diese Tatsache zu der eher nüchternen Feststellung, weil die meisten Sterne zu Spiralgalaxien gehören, sei deshalb die Chance groß, daß irgendeine andere Spezies sich auf einem Planeten in einer Spiralgalaxie wiederfindet – so wie unsere eigene Spezies ja selbst.

Etwa ein Viertel der auffallenden Galaxien ist elliptisch. Bei ihnen sind die Sterne nicht in der abgeflachten Scheibe angeordnet, die Spiralnebel kennzeichnet, sondern innerhalb eines mehr kugelförmigen Raums. Zunächst sehen die elliptischen Nebel für unser spiralgewohntes Auge wohl etwas reizlos aus, aber wenn wir sie genauer betrachten, lernen wir ihre Vorzüge schätzen – die Symmetrie ihrer Form, die Reinheit ihrer Zusammensetzung (elliptische Nebel enthalten wenig interstellares Gas und bestehen hauptsächlich aus Sternen und Raum) und die Großartigkeit der auffallendsten unter ihnen. Die elliptischen Galaxien gehören zu den größten Galaxien des Universums.

Verstreut unter den vielen anderen Galaxien finden wir die SO oder linsenförmigen Galaxien, die in ihrer Form den Spiralen ähneln, aber keine Spiralarme haben. Sie verbinden einige der Eigenschaften der spiralförmigen Galaxien mit denen der elliptischen.

Wenige Prozent der Hauptgalaxien sind unregelmäßig. Ihr Merkmal ist ihre Individualität oder gar Exzentrizität. Mit ihren plumpen und verschrobenen Formen bieten sie uns unendlich vielfältige Ausblicke auf die Sternenfelder und Nebel, die sie enthalten, wie durchsichtige Geschöpfe des Meeres, deren Inneres und Äußeres man gleichzeitig sehen kann.

Zwerggalaxien gibt es viele, die meisten sind elliptisch und unregelmäßig. Oft finden wir sie um größere Galaxien herum angeordnet. Wenn sie vergleichsweise unbedeutend erscheinen, sollten wir nur daran denken, daß sogar ein Zwerg noch Millionen Sterne enthält.

Wenn keine zwei Galaxien, keine zwei Planeten oder Sterne einander gleich sind, wie können wir uns dann die Vielfalt unseres Universums vorstellen, wie sie sich alleine schon bei den Planeten zeigt?

Gibt es im ganzen Umkreis der Schöpfung ein einziges Insekt, eine Blume, einen Regentropfen oder eine Pfütze, wozu es irgendwo einen Zwilling gibt? Und wie weit stimmt dort, wo Leben zu Gedanken fähig ist, dessen Bildwelt mit der anderer intelligenter Wesen überein, weil die Natur eine Vorliebe für Form und Ordnung hat? Bis zu welchem Grad sind sie, als Folge der Vorliebe der Natur für Abwechslung, verschieden?

Was ist die Kosmologie der Phantasie, fragen wir uns, während unser Phantasieschiff weiterfährt.

FORM UND VIELFALT VON GALAXIEN

Normale Galaxien

SPIRALEN

Die meisten großen Galaxien sind Spiralnebel. Ihre Anatomie kann allgemein durch drei Komponenten beschrieben werden: ein elliptisch geformter Zentralbereich um den Kern, eine breite flache Scheibe mit Sternen und interstellaren Wolken und eine kugelige Korona oder Halo, vorwiegend aus alten Zwergsternen und Kugelhaufen, die die Galaxie als Ganzes umgeben. Wenn wir formal Spiralnebel nach dem Verhältnis ihrer mittleren Wölbung zur Scheibe anordnen, finden wir, daß sie ein ganzes Kontinuum abdecken. Eine Klassifizierung, die auf einer solchen Anordnung beruht und bei Astronomen weit verbreitet ist, wird auf Seite 91 abgebildet. In diesem System werden Galaxien mit großen Zentralbereichen als Sa klassifiziert, mittlere als Sb, während Spiralen mit im Verhältnis zur Größe der Scheibe kleinen Zentralbereichen als Sc und Sd eingeordnet werden. Dieses eindimensionale Schema erklärt keineswegs all die wichtigen Parameter in der Form der Spiralgalaxien, und die Debatte über die Einzelheiten geht weiter. Aber die Tatsache, daß ein auch nur teilweise kohärentes Klassifizierungssystem überhaupt möglich ist, ermutigt die Erwartung, daß wir eines Tages voll verstehen werden, wie es dazu kam, daß Materie in der Form von Galaxien auf der kosmischen Bühne erschien.

Viele Anzeichen für Gleichförmigkeit sind innerhalb der Klassifizierung der Galaxien wahrgenommen worden. Die Zentralbereiche, die Wölbungen der Spiralnebel, sind vor allem von alten Sternen bewohnt und enthalten wenig interstellares Material, in mancher Hinsicht ähneln sie elliptischen Galaxien wie den auf den Seite 118 und 119 abgebildeten. Die Scheiben der Spiralnebel sind verhältnismäßig reich an interstellarem Material; in vielen Fällen werden heute neue Sterne in der Scheibe gebildet, und wegen dieser fortdauernden Produktion von Sternen ist die Sternbevölkerung der Scheiben in ihrer Altersstruktur viel heterogener als die der Zentralbereiche. Allgemein gesprochen erzeugen Sc-Galaxien mit ihrer verhältnismäßig großen Scheibe viel aktiver neue Sterne, während in den Sa-Galaxien Sterne eher stoßweise und weniger reichlich erschaffen werden. Die Milchstraße, Sb oder möglicherweise Sc etwa in der Mitte zwischen den Extremen, sollte danach von einer Mischbevölkerung alter, mittelalter und junger Sterne bewohnt sein. Und das entspricht genau dem, was wir vorfinden. Unsere Sonne ist einer der mittelalten Sterne.

Einiges von dem interstellaren Material in der Scheibe einer Spiralgalaxie besteht aus Staub, der sich im Verlauf von Sternenexplosionen gebildet hat. Dabei wurde Material freigesetzt, das auch viele der schweren Elemente enthielt, die wir Metalle nennen. Der Halo besteht hauptsächlich aus Sternen, die entstanden, bevor sich viele dieser schweren Elemente bilden konnten, und ist im allgemeinen arm an Metallen. Die Scheibe mit ihren vielen jüngeren Sternen ist gewöhnlich einhundertmal reicher an Metallen. In ihr ist eine stufenweise Veränderung des Metallreichtums zu beobachten: In der dünner besiedelten äußeren Scheibe gibt es weniger Metalle – mehr Metalle finden sich in den interstellaren inneren Spiralarmen, wo die Sternbevölkerung dicht ist und wo mehr Sterne geboren wurden und starben. Man sollte sich hier allerdings vor Augen halten, daß dies Verallgemeinerungen sind, ähnlich wie wenn man sagt, daß in Monaco reiche Leute wohnen (obwohl nicht jeder in Monaco reich ist) oder daß der Atlantische Ozean salzig ist (obwohl der Salzgehalt des Ozeans von einem Ort zum nächsten beträchtlich variieren kann).

Die Dynamik von Spiralgalaxien ist elegant und subtil. Nichts illustriert das besser als die Spiralarme selbst.

Wir können leicht sehen, daß die Spiralarme keine Gegenstände sind wie Weinreben oder Baumäste. Ein Spiralnebel rotiert nicht als Ganzes wie eine Schallplatte, sondern in sich unterschiedlich: Sterne in der Nähe der Zentralgebiete umlaufen die Galaxie viel schneller als Sterne im äußeren Bereich einer typischen Spirale. Scheibensterne in der Nähe der mittleren Wölbung vollenden einen Umlauf in etwa 20 Millionen Jahren, während jene in den äußeren Bezirken der Galaxie einige 200 Millionen Jahre brauchen, also zehnmal so lange, um ein ‹galaktisches Jahr› zu vollenden. Ganz ähnliches gilt in bezug auf die interstellaren Massen in der Scheibe, auch ihre Rotation ist unterschiedlich. Wenn die Spiralarme alle ‹aus einem Guß› wären, würde differentielle Rotation sie entweder schnell zerbrechen oder eng um die galaktische Mitte herumwinden. Die Situation ähnelt der von Läufern, die auf einer Rennbahn in ihren Bahnen bleiben müssen. Obwohl sie in einer Reihe starten, sind die auf den inneren Bahnen bald vorn. Entweder muß dann die Reihe auseinanderfallen, wenn die äußeren Läufer zurückbleiben oder die äußeren Läufer müssen, wenn das Feld zusammenbleiben soll, nach innen kommen, bis alle im inneren Bereich laufen. Spiralgalaxien haben ihre Arme über Millionen von Jahren behalten, ohne daß sie auseinanderbrachen oder sich verwickelten. Wir sollten uns also von dem Gedanken lösen, daß sie physikalische Ganzheiten sind. Vielmehr müssen wir nach einem Mechanismus suchen, der sie in ihrer Erscheinung erklärt.

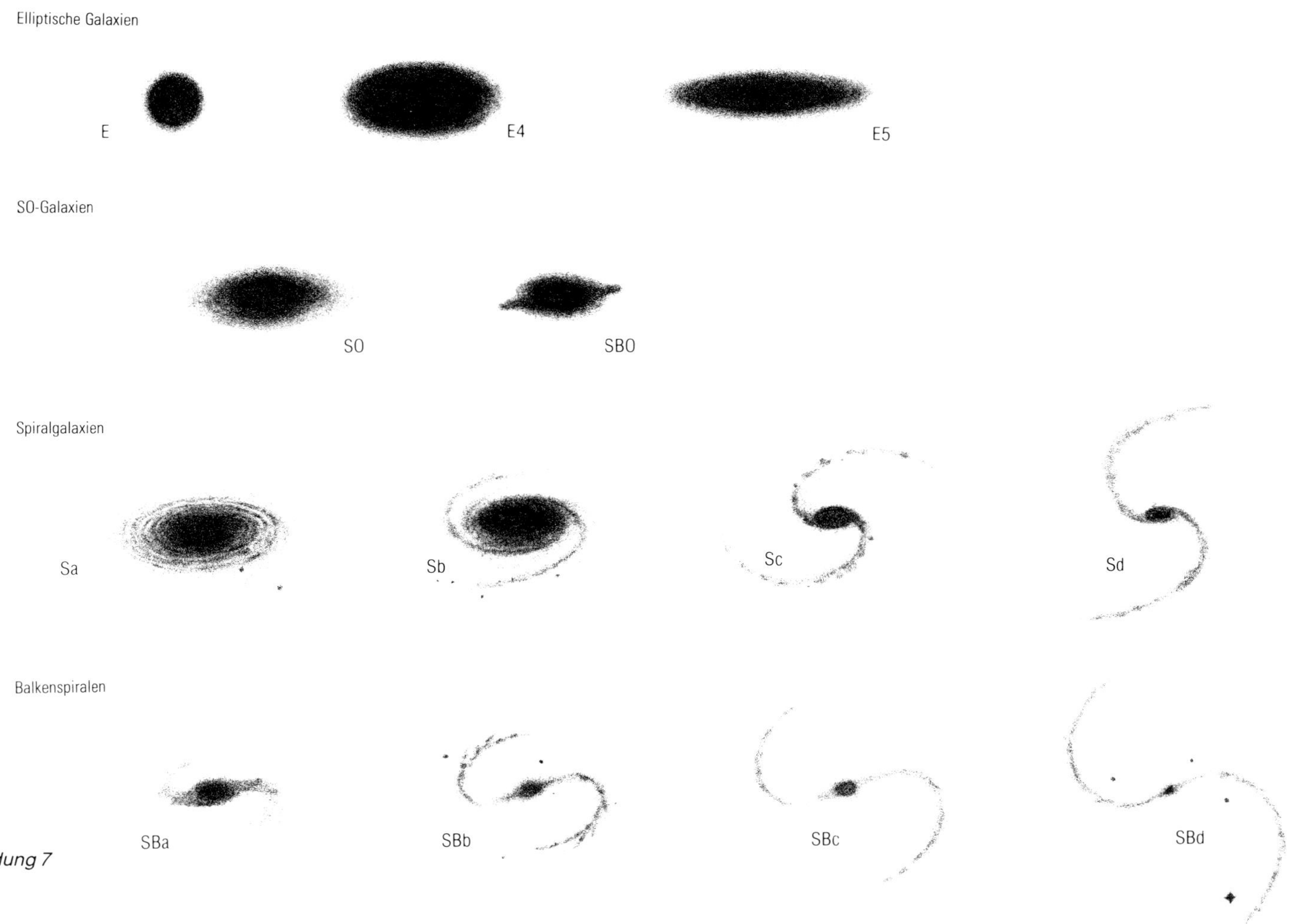

Abbildung 7

Die Theorien, die dies am erfolgreichsten getan haben, sind jene, die die Arme als Dichtewellen sehen, die sich in den interstellaren Massen fortpflanzen wie Wasserwellen in einem Teich. Die Dichtewellen werden durch Resonanzen bei der Gravtiationswechselwirkung mit den Milliarden von Sternen einer Galaxie auf ihren Umlaufbahnen ausgelöst.

Wir können die Spiralarme sehen, weil dann, wenn eine Welle einer interstellaren Wolke begegnet, sie oft die Dichte in Teilen dieser Wolke so sehr vergrößert, daß sich aus der zusammenfallenden Wolke Sterne bilden können. Ihr Licht und das der sie umgebenden Wolken, die sie erleuchten, zeichnet die Umrisse des Weges nach, den die Dichtewellen vor kurzem gingen, diese leuchtende Erscheinung sehen wir in den Armen.

Wenn wir einen Spiralnebel wie M101 (Bild 53) betrachten, ist es wichtig, daran zu denken, daß die Spiralarme nicht die einzigen Bestandteile der Scheibe sind, sondern nur ihre auffallendsten. Milliarden anderer Sterne und riesige interstellare Wolken, die zu schwach sind, als daß man sie auf dieser Photographie sehen könnte, liegen zwischen den Armen. Es ist, als ob wir nachts über eine Landschaft fliegen, in der die hell er-

---

Abbildung 7. Galaxientypen
Die formale Anordnung der Galaxien ist hier schematisch angegeben; das Schema ist so erweitert, daß auch Galaxien mit relativ kleinen Zentralbereichen, die als Sd klassifiziert werden, dazugehören. Elliptische Galaxien werden je nach dem Grad ihrer Abflachung als E0 bis E5 klassifiziert. Perspektivische Effekte können das Aussehen und die Klassifizierung elliptischer Galaxien sehr beeinflussen; sogar eine zigarrenförmige E5-Galaxie kann wie ein E0 aussehen, wenn wir sie zufällig von der Seite sehen. Die S0-Galaxien bilden eine eigene Klasse, bis wir besser verstehen, wie sie in den Gesamtzusammenhang einzuordnen sind.

53

leuchteten Städte unseren Blick auf Kosten des dunklen Landes fesseln, das wir nicht sehen.

Spiralgalaxien leben von Veränderung. In den Scheiben der Spiralen spielen sich in ungeheurem Maßstab chemische Vorgänge ab. Dabei könnte es durchaus sein, daß Entwicklung von Leben in diesem Prozeß ganz normal ist. Galaxien sind so groß und ihre Phänomene finden in Zeiträumen statt, die nach menschlichem Ermessen so gewaltig sind, daß wir sie uns in den frühen Jahren ihrer Entdeckung fälschlich als statische Einheiten, ausgestopften Vögeln ähnlich, vorgestellt haben mögen. Jetzt wird uns allmählich klar, daß sie vielmehr Vögeln im Flug ähnlich sind.

53 M101 (= NGC5457) hat die Form, die als Sc klassifiziert wird, sie ist also eine Spiralgalaxie, deren Zentralbereich im Verhältnis zu den Armen kleiner ist als bei einer Sb oder Sa. Sie ist ungefähr 24 Millionen Lichtjahre von uns entfernt.

54 Die Spiralgalaxie NGC7331 ist als Sb klassifiziert, das heißt, sie nimmt in bezug auf das Verhältnis der Größe des Kerngebietes zur äußeren Scheibe eine Mittelstellung zwischen den Sa-Galaxien mit ihren großen Zentralbereichen und den Sc-Galaxien mit ihren ausgeprägten Scheiben ein. Etwa ein Drittel aller Spiralgalaxien werden als Sb klassifiziert.

65

66

65, 66 M64 (= NGC4826) (**65**) und NGC3623 (**66**) sind Sb-Galaxien mit auffallend schweren Wolken aus Gas und Staub in ihren Scheiben.

67 Die Sombrerogalaxie M103 (= NGC4594), eine Sa-Galaxie, sollte eigentlich nur wenig interstellares Material enthalten, aber die dunkle Silhouette ihrer Ebene zeigt ihren Reichtum an Staub und Gas.

68

Die interstellaren Wolken der Spiralgalaxien sehen oft etwas zerzaust aus. Die Gravitations- und Magnetfelder der Galaxie zerren an ihnen, Dichtewellen pressen sie zusammen, Sternenlicht und Sternenwinde durchstreichen sie, und die Wolken stoßen mit anderen zusammen.

Anschwellungen interstellarer Wolken, die sich aus diesem Wechselspiel ergeben, können am deutlichsten in Galaxien gesehen werden, die wir vom Rande her sehen, wie NGC4565 (oben). Zwei beachtliche ‹Geysire›, die aus der Ebene der Galaxie auftauchen, heben sich vom Sternenlicht des Zentralbereichs deutlich ab. Zur Linken kann man ein luftiges Bogenpaar sehen; es scheint aus Material zu bestehen, das aus der Scheibe hochgespritzt worden ist und jetzt unter dem Gravitationszug der Scheibe zu ihr zurückkehrt, so wie eine ausgebrannte Weltraumrakete zur Erde zurückkehrt. Himmlische Girlanden

68 NGC4565 ist nur vier Grad gegenüber einer vollkommenen Seitenansicht geneigt; sie weist die Bestandteile einer normalen Spiralgalaxie auf – den elliptischen Zentralbereich und die flache Scheibe voller Staub und Gas.

wie diese können Höhen von Hunderten von Lichtjahren erreichen.

BALKENSPIRALEN

Etwa ein Drittel aller Spiralgalaxien sind einigermaßen deutlich ‹balkenförmig›. Mit ‹Balken› meinen wir eine spindelförmige Ansammlung von Sternen und interstellarem Material, die sich zu beiden Seiten des Zentralbereichs erstreckt und aus der die Spiralarme herauskommen. Die Länge des Balkens beträgt im allgemeinen wenige zehntausend Lichtjahre. Da der Zentralbereich vieler gewöhnlicher Spiralen etwas oval oder länglich zu sein scheint, könnte es möglich sein, daß die meisten Spiralen wenigstens einen verkümmerten Balken haben. In dem am weitesten verbreiteten System der Klassifizierung von Galaxien werden die Balkenspiralen SB genannt und entsprechend der Größe ihres Zentralbereichs in einem Kontinuum von SBa bis SBd angeordnet, bis hin zu irregulären Balkenspiralen wie der Mangellanschen Wolke, die als SBirr bezeichnet wird.

Warum manche Galaxien Balken haben, ist, wie so viele grundlegende Fragen über Galaxien, noch nicht beantwortet. Eine Möglichkeit ist, daß der Balken den Sternen, die sich ohne feste Anordnung in einer Galaxie entwickelten, half, sich auf relativ stabilen Umlaufbahnen niederzulassen und dabei die Galaxie etwa in der Weise zu stabilisieren, in der ein Seiltänzer mit ausgebreiteten Armen seine Balance hält.

Die Balkenspirale M83, eine der gewaltigsten Galaxien am Himmel, sieht fast aus, als ob sie taumle wie der Kreisel eines Kindes, der über den Boden rollt. Da uns eine Photographie aus einer anderen Perspektive von einem Beobachter einer anderen Gegend des Weltalls nicht zur Verfügung steht, müssen wir versuchen, aus unserem Sichtwinkel so gut es geht ihre dreidimensionale Form herauszufinden. So betrachtet, scheint M83 verdreht worden zu sein, wobei Teile der Spiralarme weit aus ihrer Ursprungsebene herausgebogen wurden. Wenn wir sie von der Seite sehen könnten, ähnelte sie vielleicht dem ‹ Dosenöffner-Profil›, der NGC2146 (Seite 126).

Radioabbildungen wie die auf Seite 105 zeigen, wie M83 von gewaltigen Pfützen kalten Wasserstoffgases umgeben ist. Die Form dieser Wolken erinnert an verkümmerte Spiralarme, die von den inneren Armen der Galaxie nachgezogen werden. Genau das würden wir erwarten, wenn die Galaxie wirklich gegenüber der sie umgebenden Gashülle verdreht worden wäre. Die Galaxie hätte sich immer weiter gedreht, während die Gaswolken, von der unmittelbaren Einwirkung der Gravitation der in

69

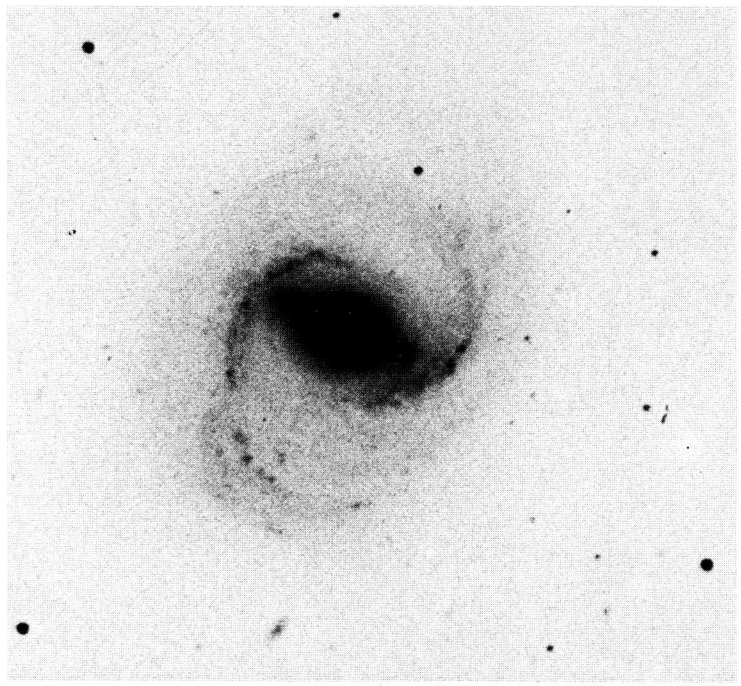

70

69, 70 Die Galaxien NGC3992 (**69**), NGC4541 (**70**) sind Balkenspiralen; der ‹Balken› ist gewöhnlich eher wie eine Spindel geformt; der Negativabzug von NGC4541 macht das deutlich.

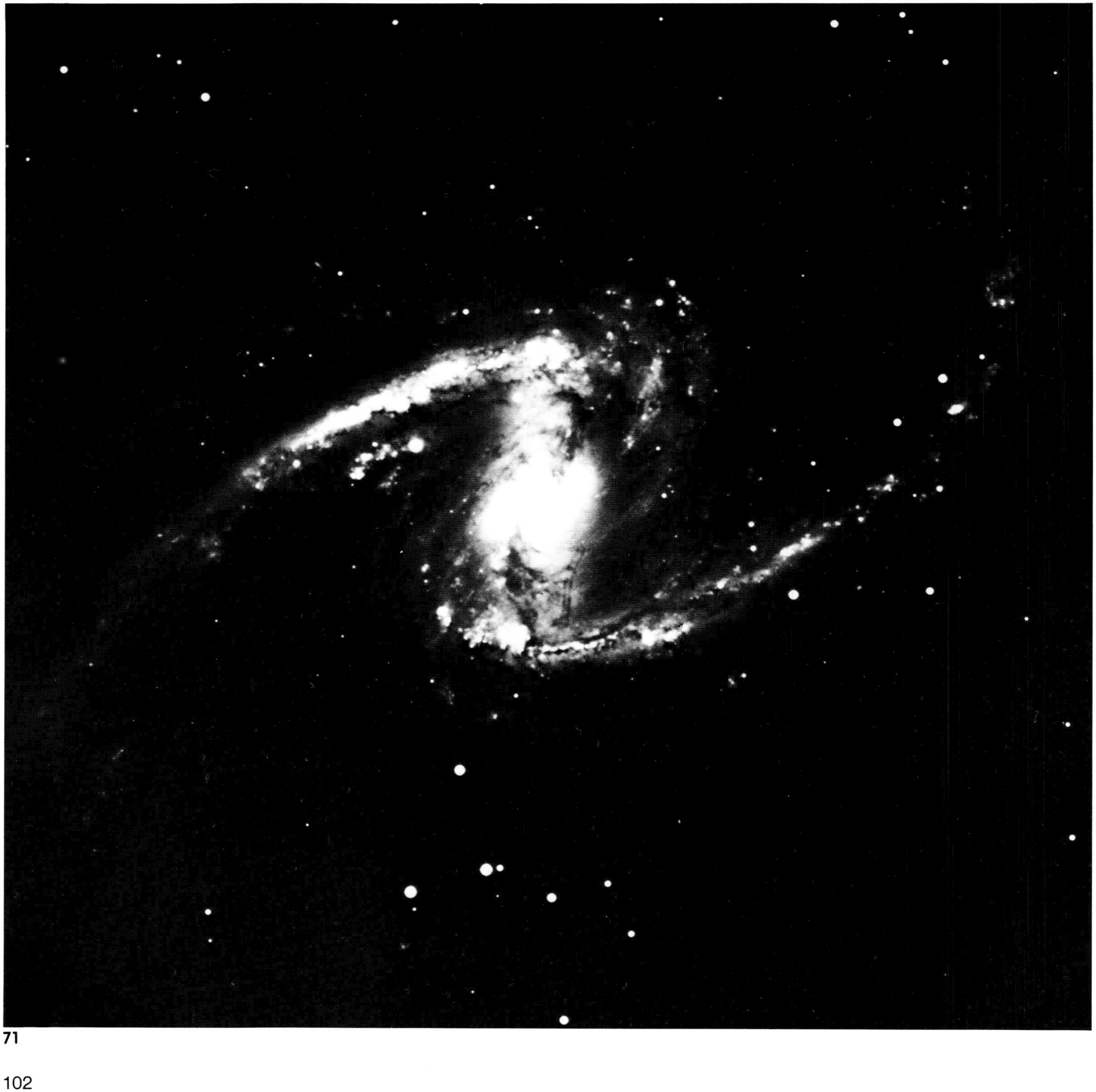

71

72

73

der Ebene der Galaxie konzentrierten Massen nun weniger betroffen, die Drehung in größerem Abstand nachvollzogen. Die Gaswolke könnte die alte Ebene der M83 bezeichnen, aus der die Galaxie herausgedreht wurde und die jetzt, wie eine Barke mit Schlagseite, im Raum hängt.

Was hat diese Schlagseite verursacht? Die einzige andere Galaxie in der Umgebung von M83 ist die kleine elliptische NGC5253. Sie hat nur etwa ein Zentel der Masse von M83 und könnte eine so große Störung wohl nicht hervorgerufen haben, es sei denn, die beiden Systeme wären wirklich zusammengestoßen.

71 Die Galaxie NGC1360 (links) ist ebenfalls eine Balkenspirale.

72, 73 Die Balkenform, die sich in vielen Galaxien wie diesen, NGC4650 (**72**) und NGC4548 (**73**), ausgebildet hat, wird für eine dynamisch stabile Form gehalten, zu der sich Sterne in Galaxien anordnen, die am Anfang ihrer Entwicklung gestört wurden.

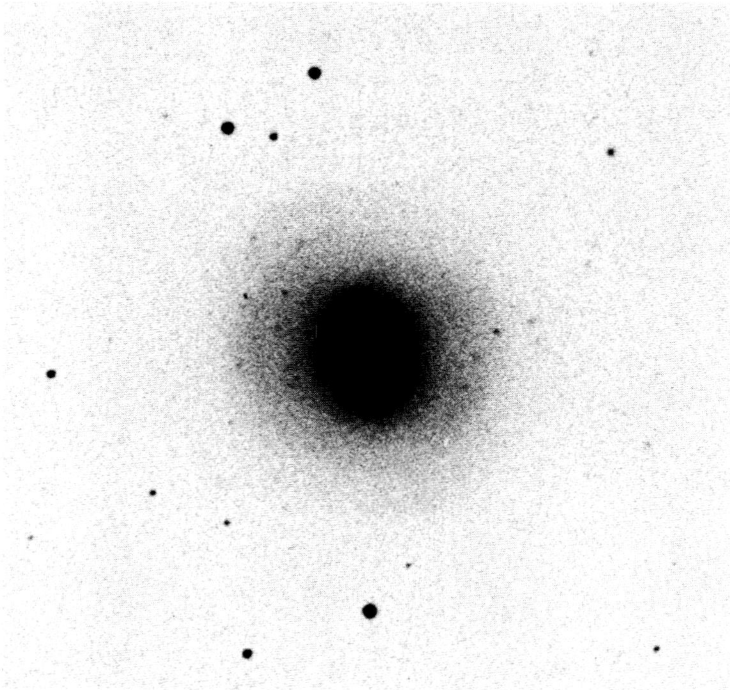

77

78

als EO klassifiziert. Andere, flachere, haben Formen, die an flachgedrückte Nadelkissen erinnern. Diese werden, je nachdem wie flach sie sind, als E 1 bis E 6 eingeordnet. Die Wirkungen der Perspektive erschweren die Aufgabe, zu bestimmen, wie flach nun eine elliptische Galaxie ist, weil sogar ein stark abgeflachtes elliptisches System kreisförmig erscheint, wenn wir es zufällig von einem der beiden Pole her sehen. Wie der Astronom Fred Hoyle bemerkte, ist eine elliptische Galaxie immer mindestens so flach, wie sie erscheint.

Anders als die Sterne eines Spiralnebels, die im allgemeinen auf Bahnen laufen, die in der Ebene der Scheibe liegen, also wie Läufer auf einer Rennbahn laufen, sind die Bahnen der Sterne in elliptischen Galaxien in vielen verschiedenen Winkeln geneigt. Sie ähneln dem Flug jagender Meeresvögel, von denen einige tauchen und dann wieder hochschießen, während andere zwischen ihnen ihre Kreise ziehen. Von einigen wenigen elliptischen Galaxien nimmt man an, daß sie als Ganzes rotieren, andere zeigen keine Anzeichen einer Rotation.

Spiralgalaxien liegen alle innerhalb eines relativ beschränkten Massebereichs, die meisten sind Massen von 10 Milliarden bis wenigen hundert Milliarden Sonnenmassen vergleichbar; dabei ist ein Durchmesser von nur wenigen 1000 Lichtjahren üblich, andererseits sind elliptische Superriesen gefunden worden, deren Population auf 10000 Milliarden Sterne geschätzt wird.

Da die elliptischen Galaxien gar nicht photogen sind, sind sie in Büchern mit Photographien wie diesem meist unterrepräsentiert. Gleichwohl machen sie etwa 20 Prozent der bedeutenden Galaxien in dem uns bekannten Weltall aus. Wenn wir in einer elliptischen Galaxie lebten, wäre uns ihre apollonisch einfache Form, die so ganz anders ist als das Gewirr der Spiralen, wohl sehr willkommen, und wir wären dankbar für das Fehlen interstellarer Wolken, die uns hier in der Milchstraße den Blick auf so große Teile des Himmels versperren. Und wir wären wohl stolz auf unsere lange himmlische Geschichte. Obwohl elliptische und spiralige Galaxien auf ungefähr dasselbe Alter geschätzt werden – etwa zehn bis fünfzehn Milliarden Jahre –, so scheinen die elliptischen doch das meiste ihrer Rohmasse sehr früh in Sterne verwandelt und sich dann aus dem ‹Geschäft der Sternherstellung› herausgehalten zu haben. Heute sind die Sterne in den elliptischen Galaxien vorwiegend alt. Sie glühen in dem dumpfen Orange antiker Lampen, und das sind sie ja in einem gewissen Sinne auch. Begegnen

77, 78 Die Galaxie M83 (= NGC4374) (**78**) wird von einigen Astronomen als S0 klassifiziert, von anderen als elliptisch und ist ein Beispiel für die Schwierigkeiten der Klassifizierung von Galaxien. NGC4477 (**77**) andererseits ist zweifellos eine S0-Galaxie. Sogar im Negativbild, das Einzelheiten zeigt, weist die Scheibe kaum die schwächsten Ansätze von Spiralarmen auf.

wir ihnen mit der Achtung, die Älteren zukommt. Sie funkelten im Licht junger Sterne, ihre Planeten badeten in diesem Licht, ihre Geschichte entfaltete sich, als Erde und Sonne noch weniger als ein Strudel in einer Wolke waren.

UNREGELMÄSSIGE GALAXIEN

Unregelmäßige Galaxien bringen ein Stück Unordnung in einen Kosmos, der sonst von der ätherischen Schönheit der Spiralen und der kahlen Symmetrie der elliptischen Galaxien beherrscht ist. Man nimmt an, daß sie auf verschiedene Weise in ihre Unordnung hineingetrieben wurden. Viele sind Satelliten größerer Galaxien. Die Große Magellansche Wolke ist ein Beispiel dafür. Von der Milchstraße befreit, könnte sie sich in eine symmetrischere Form neu ordnen. Andere wurden vielleicht durch Fast-Zusammenstöße mit vorbeiziehenden Galaxien in unregelmäßige Galaxien verwandelt. Das verstörte Aussehen von NGC5195, die kürzlich in einer Begegnung mit M 51 (Seite 131) so zerzaust wurde, bestätigt diese Möglichkeit. Es sind noch andere Wege denkbar, wie unregelmäßige Galaxien entstanden sein könnten, aber die meisten Unregelmäßigen scheinen kleine Galaxien zu sein, die von größeren drangsaliert wurden.

UNSERE SICHT DER GALAXIEN

Die Sterne, die wir auf extragalaktischen Photographien verstreut sehen, liegen im Vordergrund und gehören zu unserer Galaxis, nicht zu den fernen Galaxien, die photographiert werden sollten. Wir schauen durch diesen Vorhang von Sternen in das Weltall, etwa so, wie unsere Vorfahren in grauer Vorzeit die Welt jeden Morgen durch die Blätter ihrer Baumhäuser sahen.

Die mittlere Dichte dieser Vordergrundsterne ändert sich sehr stark je nach dem Teil des Himmels, der zwischen uns und einer bestimmten Galaxie liegt, auf die wir das Fernrohr richten. Sternfelder im Vordergrund sind im allgemeinen am wenigsten dicht, wenn wir ungefähr im rechten Winkel zu unserer galaktischen Ebene beobachten. Je näher unsere Blickrichtung der galaktischen Ebene kommt, um so mehr Vordergrundsterne gibt es. Wenn wir versuchen, innerhalb der galaktischen Ebene hinauszuschauen – also durch die Milchstraße selbst –, dann begegnen wir so vielen Sternen, daß sie unser

79

80

79 M49 (= NGC4472) ist eine elliptische Galaxie der Art E4.

80 Die Carina-Zwerggalaxie, die schlecht von den vielen Vordergrundsternen der Milchsraße in unserer Sichtlinie zu unterscheiden ist, ist eine elliptische Zwerggalaxie.

INTERGALAKTISCHE ZEIT UND INTERGALAKTISCHER RAUM

Supernovae, mit größter Heftigkeit explodierende Sterne, können eine solche Brillanz erreichen, daß sie die Aufmerksamkeit von Astronomen – wenn es sie gibt – in Tausenden von Galaxien erwecken könnten. Eine oder zwei Supernovae kommen in jedem Jahrhundert in einer typischen großen Spiralgalaxie vor.

Das Licht jeder dieser ‹Sintfluten› ergießt sich nach außen in den galaktischen Raum und bringt den anderen Galaxien mit Lichtgeschwindigkeit die Nachricht von diesem Ereignis. Beobachter in einer Galaxie, die 5 Millionen Lichtjahre entfernt ist, werden die Explosion dann nach 5 Millionen Jahren sehen; jene in einer Galaxie, die 10 Millionen Lichtjahre entfernt ist, werden sie nach 10 Millionen Jahren sehen. Deshalb hängt das Datum, das jeder Beobachter dem Ereignis einer Supernova gibt, von seinem Abstand zu ihr ab. Damit erinnern uns Supernovae daran, daß intergalaktische Entfernungen sowohl im Raum als auch in der Zeit gesehen werden müssen.

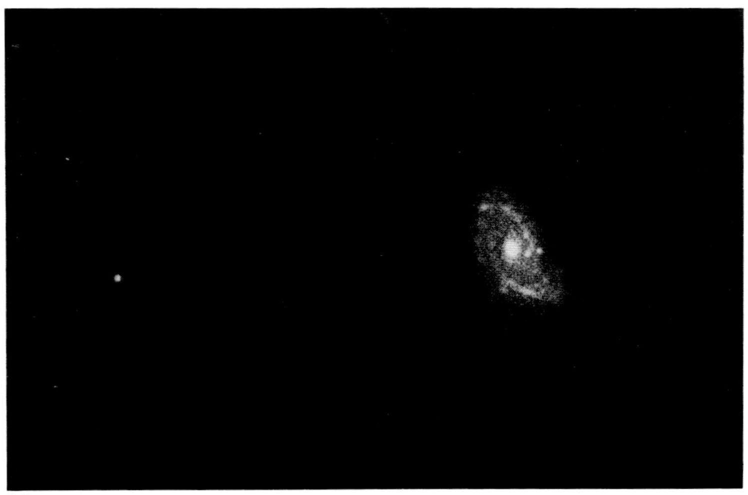

88

88 Extreme Raumtiefe kennzeichnet diese Photographie des Planeten Pluto vor der Galaxie NGC5248. Als die Aufnahme gemacht wurde, war Pluto etwas weniger als 5 Milliarden Kilometer oder 4,18 Lichtstunden von uns entfernt. NGC5248 ist etwa 70 Millionen Lichtjahre weit weg. Das Verhältnis dieser Entfernungen entspricht ungefähr dem Verhältnis zwischen der Größe des Punktes am Ende dieses Satzes und der Entfernung von New York nach Sydney in Australien. Dutzende von Sternen sind aus der Photographie herausretuschiert worden, um Pluto leichter erkennen zu können; er ist ein so kleiner und weit entfernter Planet, daß er auch in den stärksten Teleskopen noch wie ein Stern erscheint.

Die durch Pfeile gekennzeichneten Supernovae in den beiden Photographien (Seite 113) wurden hier auf der Erde im selben Jahr, 1961, photographiert. Die Galaxien, in denen sie passierten, sind jedoch verschieden weit von uns entfernt. Die Spirale, die wir fast genau von der Seite sehen, NGC4096, ist etwa vierzig Millionen Lichtjahre entfernt, und das Licht von ihrer Supernovae war etwa 40 Millionen Jahre unterwegs, bis es die Erde erreichte. Die offenere Spirale, NGC4303, ist annähernd einhundert Millionen Lichtjahre entfernt; das Licht ihrer Supernova war also 100 Millionen Jahre unterwegs, bevor es uns erreichte. Im Rahmen einer ‹kosmischen‹ oder universalen Zeit können wir also sagen, daß die Supernova NGC4303 zuerst passiert sein muß, weil ihr Licht sich viel länger im Weltraum aufgehalten haben muß.

Aber diese Aussage könnte von Astronomen in den betreffenden Galaxien bestritten werden. Stellen wir uns vor, daß es in einer Galaxie A Beobachter gibt. Unter dem Eindruck der Brillanz ihrer lokalen Supernova begründen sie ihren Kalender darauf und nennen es das Jahr Null. Das Licht dieser denkwürdigen Supernova macht sich auf seinen Weg durch den intergalaktischen Raum. Nehmen wir an, daß Galaxie A von einer Galaxie B 70 Millionen Lichtjahre entfernt ist: es müssen also 70 Millionen Jahre vergehen, bevor Astronomen in Galaxie B die Supernova in Galaxie A beobachten können.

Bevor noch Licht von der Supernova in Galaxie A sie erreicht, erleben die Astronomen in Galaxie B in ihrer eigenen Galaxie eine Supernova und wählen sie gleichermaßen als Jahr Null ihres Kalenders. 10 Millionen Jahre später erreicht sie das Licht der Supernova in Galaxie A. Für sie geschieht das im Jahr 10 Millionen. Das Logbuch der Supernova für Galaxie B sieht dann so aus:

Supernova-Logbuch für Galaxie B
Supernova in Galaxie B, Jahr Null
Supernova in Galaxie A, im Jahr 10 Millionen

Nun ist das Licht der Supernova aus Galaxie B auf seinem Weg zu Galaxie A. Wenn es in Galaxie A eintrifft, werden dort 130 Millionen Jahre vergangen sein – die 60 Millionen Jahre, die dort in ‹kosmischer› Zeit vergangen waren, bevor sich die Supernova in Galaxie B ereignete, und die 70 Millionen Jahre, die das Licht braucht, um von Galaxie B zu Galaxie A zu kommen. Das Logbuch der Galaxie A sieht also so aus:

Supernova-Logbuch für Galaxie A
Supernova in Galaxie A, im Jahr Null
Supernova in Galaxie B, im Jahr 130 Millionen

So etwa sieht es in bezug auf die zwei abgebildeten Supernovae aus (Seite 113). Galaxie A ist NGC4303, Galaxie B NGC4096. Astronomen beider Galaxien können mit gleichem Recht behaupten, daß ihre lokale Supernova die frühere der beiden war.

89

91

90

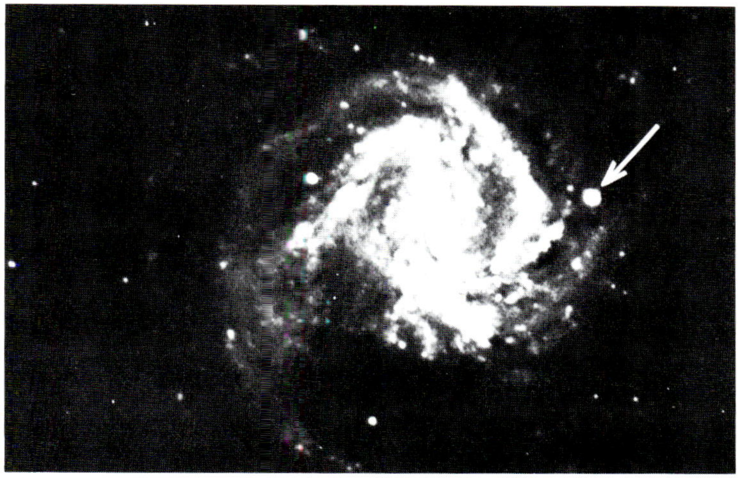

92

Hier in der Milchstraße kam das Licht der beiden Supernovae etwa gleichzeitig an, und so haben wir ihnen das gleiche Datum zugeschrieben – 1961. Zufällig gab es bei uns eine lokale Supernova, die noch frisch in unserem kulturellen Gedächtnis ist, nämlich die, der der Krebsnebel entstammt (siehe Seite 59), und wir datieren sie früher als die beiden entfernten Supernovae – 1054 und nicht 1961. Aber das Licht dieser Krebsnebel-Supernova hat noch keine der beiden externen Galaxien NGC4303 oder NGC4096 erreicht und wird sie auch in weiteren Millionen Jahren noch nicht erreicht haben. Wenn es sie schließlich erreicht, könnte sie in ihren Logbüchern die jüngste Supernova sein.

Kurz, die Meinung darüber, wann etwas im Kosmos geschieht, hängt weitgehend davon ab, wo es relativ zum Beobachter geschah. Wenn wir unser Bezugssystem ändern, verändert das oft auch die zeitliche Reihenfolge, die wir Ereignissen zuschreiben müssen.

89, 90 Die Balkenspirale NGC4725 während und nach einer Supernova. Während seines kurzen Ausbruchs schien der explodierende Stern fast so hell wie all die Milliarden Sterne in den Zentralbereichen der Galaxie.

91, 92 Der mit einem Pfeil gekennzeichnete explodierende Stern in NGC4096 (**91**) explodierte nach einer Zeitrechnung 60 Millionen Jahre früher als der in NGC4303 (**92**), aber das Licht der beiden Explosionen erreicht die Erde im selben Jahr, weil die erstgenannte Galaxie 60 Millionen Lichtjahre weiter entfernt ist als die zweite. Beobachter in jeder der Galaxien würden ihre eigene Sternexplosion für die erste halten.

Heftige und anomale Galaxien

Alle Galaxien setzen Energie frei – deshalb können wir sie sehen –, aber einige strahlen sehr viel mehr Energie aus als andere. Dies sind die ‹heftigen› Galaxien, die manchmal auch ‹aktiv›oder ‹explodierend› genannt werden. Die von einer aktiven Galaxie freigesetzte Energiemenge kann ungeheuer sein und zeigt sich nicht immer nur in den Wellenlängen des elektromagnetischen Spektrums, das wir sichtbares Licht nennen, sondern auch sonst im Spektrum – in den längeren Wellenlängen der Radiowellen und des infraroten Lichtes und in den kürzeren Wellenlängen des ultravioletten Lichtes, der Röntgenstrahlung und der Gammastrahlung. In vielen Fällen ist der Herkunftsort dieser galaktischen Energiequelle das geheimnisvolle Gebiet des Kerns.

93

93 Eine längere Belichtungsdauer in Schwarzweiß läßt ein Stück der ausgedehnten stellaren Korona von Centaurus A sehen, einer massereichen Galaxie mit möglicherweise 300 Milliarden Sternen.

94 Centaurus A, eine sowohl im Radio- als auch in optischen und anderen Bereichen machtvolle Energiequelle, sieht wie eine elliptische Galaxie aus, die in die Überreste einer Spiralgalaxie eingewickelt ist – und vielleicht ist sie das auch wirklich.

Die Kerne aktiver Galaxien zeigen oft Anzeichen einer hektischen inneren Bewegung, bei der ihre Sterne und interstellaren Wolken durcheinander wirbeln. Manchmal sind sie hinter dickem Staub verborgen und erinnern an einen Schnappschuß von einer Explosion. Und oft scheinen diese Kerne wirklich zu explodieren, wenn sie Materie in den intergalaktischen Raum hinausschleudern.

Einige der heftigsten Galaxien erzeugen dabei Energien, die man nur mit denen vergleichen kann, die sich ergaben, wenn Millionen Sterne von der Art unserer Sonne in reine Energie umgewandelt würden. Sie sind kosmische Schmelztiegel einer uns unbekannten Bauart. Woher kommt diese Energie?

Noch mysteriöser wird die Sache dadurch, daß die Helligkeit der Kerne von einigen der heftigen Galaxien sich verändert. Manche flackern in Abständen von nur wenigen Tagen oder Wochen; ungeheure Energiemengen werden hierbei von einem nach galaktischem Standard äußerst kleinem Bereich ausgestrahlt, der vielleicht nur eine Lichtwoche Durchmesser hat.

Verschiedene theoretische Modelle sind vorgeschlagen worden, um zu erklären, was in den Kernen heftiger Galaxien passiert. Man hat angeführt, daß ihre Energie von Sternzusammenstößen herrührt, von einer Kettenreaktion von Supernovae oder von einem schwarzen Loch, das die Mitte der Galaxie einnimmt und dort Sterne und interstellare Wolken in sich hineinschlingt. Aber bei dem Versuch, eines dieser Modelle auf alle heftigen Galaxien anzuwenden, entstehen Schwierigkeiten. Für jede heftige Galaxie scheint es ein passendes Modell zu geben, doch immer kann man andere finden, auf die es nicht paßt. Eine Theorie erklärt vielleicht, wie der Kern so viel Energie erzeugen kann, versagt aber dabei, die Helligkeitsveränderung zu erklären. Eine andere erklärt die Veränderlichkeit, aber nicht das Hinausschleudern von Kernmaterial in den Raum. Die Galaxien haben uns in ihrer ungeheuren Vielfalt verschiedenen Verhaltens sicher viel zu sagen, wenn wir lernen könnten, ihre Sprache besser zu verstehen.

Ein vielversprechender Hinweis liegt gerade in dem ungeheuren Ausmaß ihrer Heftigkeit. Das Feuerwerk einer heftigen Galaxie ist so überwältigend, daß die Galaxie es keineswegs über beliebig lange Zeit aufrechterhalten kann. Wäre dies der Fall, wäre längst alle Masse in Energie verwandelt worden und die Galaxie wäre vor langer Zeit verschwunden.

Diese Einsicht legt nahe, daß die heftigen Ausbrüche in Galaxiekernen eine vorübergehende Erscheinung sind, daß sie nicht eine dauernde Eigenschaft einer Galaxie sind, so wie etwa ein Mensch braune Augen hat, sondern etwas das kommt und geht, wie z. B. die Masern. Um uns auf diese Hypothese einlassen zu können, müssen wir daran denken, wie alt das Weltall ist und wie kurz wir uns darin nur aufhalten.

Stellen Sie sich vor, Sie schauten an einem Sommerabend über eine Wiese voller Leuchtkäfer. Bezaubert von dem Anblick der Leuchtkäfer machen Sie einen Schnappschuß mit, sagen wir, einer Sekunde Belichtungsdauer. Das entstandene Bild stellt sich, genau betrachtet, als Enttäuschung heraus. Jeder Leuchtkäfer leuchtet nur für einen Bruchteil der Zeit, die er im Flug verbringt. Den Rest der Zeit sammelt er seine Energie für das nächste Aufleuchten. Wenn wir eine Sekunde belichten, fangen wir nur von einem Teil der Leuchtkäfer das Licht ein, nämlich nur von denen, die zufällig in dem Augenblick des Photographierens leuchteten.

Ähnlich könnte es uns mit den heftigen Galaxien ergehen. Vielleicht erleben viele Galaxien kurze wiederkehende Episoden heftiger Ausbrüche, und die ‹heftigen› Galaxien, die wir heute sehen,sind sonst normale Systeme, die zufällig während unserer Zeit in der kosmischen Geschichte eine heftige Phase durchmachen. Sie sind Leuchtkäfer, die wir beim Leuchten erwischen, während die ‹normalen› Galaxien Leuchtkäfer sind, die die Zeit zwischen ihrem Aufleuchten ‹abwarten›.

Die Frage aber bleibt: Wie leuchten ‹galaktische Leuchtkäfer›? Mit welcher Maschinerie kann der Kern einer Galaxie Energiestürme erzeugen, die den Stoff von Millionen von Sternen in den Raum schleudern?

Centaurus A (Seite 115) ist eine Riesengalaxie mit der dreifachen Sternbevölkerung der Milchstraße. Sie erzeugt große Energiemengen vieler verschiedener Wellenbereiche; fremde Astronomen, deren Augen so gebaut wären, daß sie Röntgen- oder Infrarotstrahlung wahrnehmen könnten, fänden sie genau so aufregend wie wir im sichtbaren Bereich. Die meisten dieser Energien kommen aus dem Kernbereich. Außerdem wird von zwei Wolkenpaaren, die auf der Rotationsachse der Galaxie, also außerhalb ihres Nord- und Südpols liegen, Radioenergie erzeugt. Jedes dieser Wolkenpaare, das Radiostrahlung aussendet, ist symmetrisch. Eine Wolke liegt auf der Seite des Nordpols, die andere auf der des Südpols. Das nähere Paar liegt jeweils 16 000 Lichtjahre vom Kern entfernt, während die anderen beiden viel weiter draußen liegen, über eine Million Lichtjahre vom Kern entfernt. Es ist sehr gut möglich, daß die Wolken aus heißem dünnem Gas bestehen, das vom Kern ausgestoßen wurde.

Der Kern selbst ist veränderlich, seine Radio- und Röntgenstrahlung wechselt in der Intensität über Zeiträume von wenigen Tagen. Optisch ist die Galaxie sehr hell. Über die Entfernung von 16 Millionen Lichtjahren leuchtet sie so hell, daß sie am irdischen Himmel ohne Hilfsmittel gesehen werden könnte, wenn nicht die dicken Staub- und Gasschwaden, die sie von uns trennen, unseren Blick auf ihre Zentralregion versperren würden.

Der Staubring hat Centaurus A die Bezeichnung ‹anormal› eingebracht, weil normale elliptische Galaxien wenig interstellares Gas und Staub enthalten. Und während elliptische Galaxien von alten Sternen beherrscht werden, wie es bei der elliptischen Komponente von Centaurus A der Fall ist, ist ihr Kranz reich an hellen blauen Sternen, wie in der Photographie zu sehen ist. Der elliptische Teil der Galaxie glüht in seinen Rändern mit dem roten Schimmer älterer Sterne. Im mittleren Gebiet hat Sternenlicht das Photo überbelichtet, so daß man keine Farben erkennen kann. Junge blaue Sterne sind in den Kranz verwickelt. Wo wir den Kranz der inneren Galaxie überlagert sehen, ergibt sich ein korallenfarbenes Licht, eine Mischung aus dem Licht der blauen Sterne im Vordergrund mit dem der roten Sterne dahinter.

Die jungen Sterne des Kranzes sind sehr jung und müssen etwa dort entstanden sein, wo wir sie finden, weil keiner genügend Zeit hatte, von seinem Geburtsplatz wegzuwandern. Die älteren Sterne des elliptischen Bereichs sind sehr alt. Es finden sich nur relativ wenig mittelalte Sterne in dieser Galaxie. Es sieht aus, als ob Centaurus A aus zwei Galaxien bestände, die zu einer verschmolzen sind. Und das ist vielleicht ein Hinweis, der zur Lösung des Geheimnisses von Centaurus A führen könnte. Könnte es sein, daß die elliptische Komponente eine normale elliptische Galaxie ist, die kürzlich eine staubbeladene Spiralgalaxie verschluckt hat? Dann wäre der Kranz ein Überbleibsel der Opfergalaxie, und die jungen Sterne des Kranzes Ergebnisse einer Sternbildungsepisode, die durch den Schock dieses galaktischen ‹Kannibalismus› ausgelöst wurde; der Kern ist so heftig, weil er das interstellare Material der eingefangenen Galaxie verschluckt hat.

Wenn Centaurus A ‹kürzlich› seine schon vorher eindrucksvolle Masse durch die Vereinnahmung einer anderen Galaxie vergrößerte, dann war der Vorgang zum größten Teil vorbei, als wir auf der Szene erschienen. Wenn man die Bewegung der Sterne in Centaurus A untersucht, erkennt man, daß die elliptische Komponente langsam rotiert, der Kranz sich etwas schneller darum herum dreht, daß aber sonst beide Komponenten gemeisam durch den Raum treiben. Wenn tatsächlich eine Spiralgalaxie von Centaurus A eingefangen wurde, dann ist sie für immer gefangen und wird nie wieder freikommen.

Viele der bekannten heftigen Galaxien zogen zuerst die Aufmerksamkeit von Astronomen auf sich, die Radioteleskope benutzten und ihre ungewöhnlich große Energiestrahlung im Radiobereich bemerkten. Radiostrahlung ist im ganzen Weltraum verbreitet. Sterne und sogar Planeten strahlen etwas

Energie in der Wellenlänge der Radiostrahlen aus, wenn auch nur schwach, und normale Galaxien lassen ein sanftes ‹Gemurmel› hören.

Die meiste Radioenergie einer normalen Galaxie wird von Gasatomen erzeugt, die im interstellaren Raum schweben. Jedes Atom stößt gelegentlich in sehr großen Abständen einen Piepser Radioenergie aus; die Zahl der Gasatome in einer Galaxie ist so groß, daß sich daraus ein gleichmäßiger Radiolärm ergibt, wie der Hintergrundlärm, den ein unruhiges Theaterpublikum erzeugt, obwohl zu jeder Zeit nur einige wenige Leute im Theater sprechen. Diese Art von Rauschen wird ‹Linienstrahlung› genannt, weil jede Atomsorte mit einer sie kennzeichnenden Linie oder Frequenz im Radiospektrum strahlt. Wasserstoff, das bei weitem häufigste Element im Raum, strahlt mit einer Wellenlänge von 21 Zentimetern. Darum sind 21-Zentimeter-Radiobeobachtungen eine nützliche Methode, interstellare Wasserstoffwolken aufzuspüren, die nahe genug sind, daß diese stille, aber beständige Energieform entdeckt werden kann.

In den viel mächtigeren ‹Radiogalaxien› ist die wichtige Quelle des Radiogeräuschs nicht das sanfte Gemurmel von herumtreibenden Atomen, sondern der Schrei von Elektronen, die bis zur Lichtgeschwindigkeit beschleunigt werden. Dieses Verfahren der Energieherstellung ist als ‹Synchroton‹-Strahlung bekannt; mit Synchrotonbeschleunigern werden in Forschungslaboratorien subatomare Teilchen beschleunigt. Eine heftige Galaxie kann in der Reichweite der Radiostrahlung hundertmal mächtiger strahlen als eine normale Galaxie, und von einigen vorwiegend im Radiobereich strahlenden Quasaren (siehe Seite 177) glaubt man, daß sie Energie ausschütten, die noch einmal eine Million Male mächtiger ist.

Cygnus A gilt trotz seiner verblüffenden Entfernung von mehr als einer halben Milliarde Lichtjahren als eine der auffallendsten Radioquellen des Himmels. Das Radiogeräusch kommt von zwei Bereichen her, die symmetrisch zu beiden Seiten der Galaxie angeordnet sind, etwa so wie die Zwillings-Radio-Quellen von Centaurus A. Die Ähnlichkeit geht vielleicht sogar noch weiter. Der jähe Einschnitt, der Cygnus A das Aussehen einer Sanduhr gibt, könnte ein dunkler Kranz sein, wie der, der quer über das Antlitz von Centaurus A geht.

Die meisten vorwiegend im Radiobereich strahlenden Galaxien sind elliptisch wie Centaurus A und Cygnus A, aber einige ähneln eher Spiralen. Perseus A strahlt von zwei Bereichen her Radiowellen aus, aber in diesem Fall sind die Quellen nahe beieinander in der Nähe des Kerns der Galaxie angeordnet und wirbeln so schnell um ihren gemeinsamen Schwerpunkt herum, daß sie in nur etwa 10000 Jahren einen Umlauf vollenden. Jede wird auf eine Masse von etwa 300 Millionen Sonnenmassen geschätzt. Die Intensität der Radiostrahlung dieser merkwürdigen Kernregion verändert sich geradezu akrobatisch.

95

96

Zwischen 1960 und 1970 hat sie sich im Bereich der 1-Zentimeter-Radiowellen mehr als verfünffacht.

Die riesige heftige Galaxie M87 verkündet ihre Gegenwart durch einen hellen Strahl, der wie ein knochiger Finger aus ihrem Kern herausragt. Der Strahl besteht aus heißem, dünnem, ionisiertem Gas – Physiker nennen es Plasma –, das vom Zentrum der Galaxie herausgeschossen wird. Es glüht mit einem intensiven blauen Licht, das durch die Synchrotonstrahlung

95, 96 Die Galaxien Cygnus A (**96**) und Perseus A (**95**) strahlen im Radiowellenbereich gewaltige Energiemengen aus.

erzeugt wird. Dieses Mittel der Energieherstellung, das die Wechselwirkung von Elektronen mit einem Magnetfeld braucht, hat sich gewöhnlich als Quelle kosmischer Radiogeräusche herausgestellt, aber hier in M87 wird das Gas des Strahls durch das galaktische Magnetfeld mit solcher Heftigkeit aufgewirbelt, daß seine Energie aus dem Radiowellenbereich in die energiereicheren Wellenlängen sichtbaren Lichts verschoben wurde. Wir können ein Gefühl für die Geschwindigkeit dieses Strahls bekommen, wenn wir bedenken, daß er eine Länge von 5000 Lichtjahren hat, obwohl er nur etwa 15 000 Jahre alt ist; nach galaktischen Maßstäben muß er so plötzlich wie ein Blitz erschienen sein.

Der Strahl kommt entlang einer der Rotationsachsen von M87 zum Vorschein – vom ‹Nordpol› der Galaxie her, wenn man so will –, und diese Achse zeigt ein wenig in unsere Richtung. Anzeichen für einen Gegenstrahl, der vom entgegengesetzten Pol ausgeht, sind gefunden worden, aber dieser Strahl ist schwieriger zu beobachten, weil er auf der entgegengesetzten Seite der Galaxie liegt und sich von uns weg bewegt.

Diese Situation erinnert uns wieder an Centaurus A mit seinen beiden Paaren von Radioquellen, die in bezug auf die Pole orientiert sind, als ob sie aus Gaswolken bestünden, die vom Kern herausgeschleudert wurden. Es könnte wohl sein, daß wir in M87 gerade solch eine klassische zweifache Radioquelle bei ihrer Entstehung beobachten. Wenn sich der Zwillingsstrahl von M87 langsam weiter in das Weltall verströmt, könnten wir erwarten, daß sein Energieniveau in den Bereich der Radiowellen zurückfällt und M87 dann ein Radio-Profil bekommt, das dem von Centaurus A ähnlich ist.

Die den Virgohaufen beherrschende Galaxis M87 thront in der Mitte des Haufens. Eine beachtliche Energiemenge wird vom intergalaktischen Raum in der Umgebung von M87 im Röntgenbereich ausgestrahlt, die auscheinend von Wolken heißen Wasserstoffgases herstammt. Wenn M87 die Gewohnheit hat, wiederholt Gasstrahlen auszuschicken, könnte sie diese Wolken bei früheren Ausbrüchen erzeugt haben. Der Astronom Josef Shklovskii schätzt, daß eine Gasdosis, wie

97 Die riesige aktive elliptische Galaxie M87 (= NGC4486 = 3C274 = Virgo A) ist mit ihrer Masse von 3000 Milliarden Sonnenmassen, einer Korona aus 10 000 Kugelhaufen und einem aus Gasknoten bestehenden Strahl, der aus ihr herausschießt, eines der Markenzeichen des Universums und auch für den kosmologisch Bewanderten ein interessanter Gesprächsgegenstand (Seite 118).

98, 99 Die Farben von M87 sind die älterer Sterne, die ja in elliptischen Galaxien überwiegen, also die charakteristischen Töne warmen Kerzenlichts. Der Strahl glüht jedoch in einem bläulichen Weiß, das von der Synchrotonstrahlung stammt, die durch die Wechselwirkung der Elektronen mit dem galaktischen Magnetfeld erzeugt wird. Diese Photos, die unterbelichtet wurden, damit Einzelheiten im Kerngebiet von M87 zu erkennen sind, zeigen, wie der Strahl unmittelbar aus dem Kern herauskommt (rechts oben, rechts unten).

98

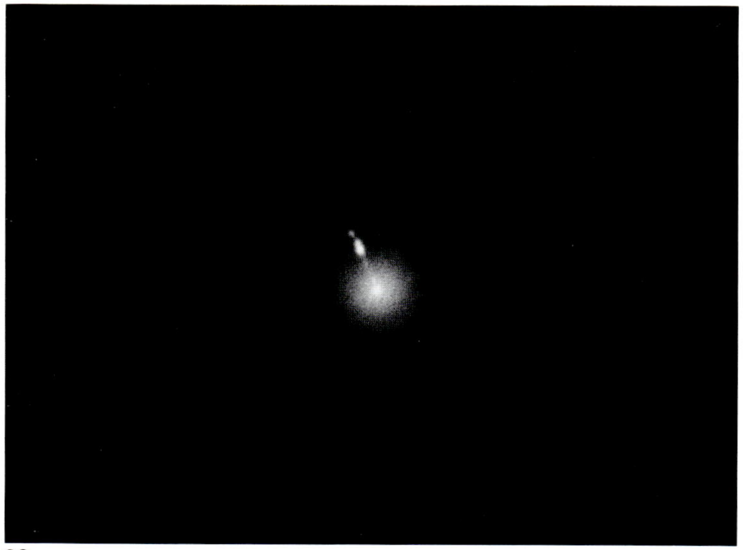

99

100

101

M87 sie ausspuckt, alle 3000 Jahre wiederholt, ausreichen würde, um die Röntgenstrahlung der intergalaktischen Gaswolken zu erklären.

M87 ist sicherlich massereich. Seine mehr als 3000 Milliarden Sterne würden genügen, um Dutzende von Galaxien in der Größe unserer Milchstraße, die ja selbst kein kleines System ist, zu bevölkern. Die Gravitationskraft, die diese eiförmige Ansammlung von Sternen und seine über 10 000 zugehörigen Kugelhaufen ausüben, ist in jeder Hinsicht erstaunlich. Was steckt in der Mitte von all dem, im Kern von M87?

Ein schwarzes Loch?

Die Milliarden Sterne in der Nähe der Mitte von M87 scheinen mit hoher Geschwindigkeit um ein massereiches Objekt herumzulaufen, das kein Licht ausstrahlt. Das paßt ziemlich gut zu der Hypothese, daß der Kern selbst aus einem riesigen schwarzen Loch besteht, das die Masse von etwa fünf Milliarden Sternen von der Art unserer Sonne verzehrt hat. Der größte Teil dieser Diät, so könnten wir annehmen, bestand aus Gaswolken, aber das schwarze Loch könnte seinen Speisezettel durch den Verzehr auch ganzer Sterne vergrößert haben. Es ist vorstellbar, daß die Strahlen aus Gasresten bestehen, die beim Zerlegen eines Sterns übrigblieben und die aus dem Bereich des schwarzen Lochs hinausgeschleudert wurden. Gravitationsschleudern sind uns von Sternen her bekannt. Offene Sternhaufen etwa verlieren dadurch einige ihrer Mitglieder. Sie werden routinemäßig eingesetzt, um die Geschwindigkeit interplanetarischer Weltraumfahrzeuge zu erhöhen, wenn sie die gigantischen Planeten Jupiter und Saturn passieren. Gravitationsschleudern in der Nähe eines schwarzen Lochs von fünf Milliarden Sonnenmassen sollten ein wahrhaft furchtbares Ausmaß haben. Die Masse der Strahlen, die wir heute beobachten, ist ungefähr gleich der unserer Sonne, und diese Tatsache verträgt sich gut mit unserer Vorstellung von einer Schleuder.

Wir haben noch viel über M87 zu lernen, bevor das schwarze Loch im Kern als mehr als nur eine wahrscheinliche Hypothese betrachtet werden kann. Aber es scheint ästhetisch reizvoll, sich vorzustellen, wie so viel Sternenlicht sich um ein Inferno sammelt, das aus unendlicher Dunkelheit besteht. Wenn ein Dante sich in den Welten der M87 finden sollte, dann wäre dieses Thema sicher seiner Aufmerksamkeit wert.

Die heftigsten der heftigen Galaxien sind die gigantischen elliptischen wie M87 und Centaurus A, aber es gibt auch viele heftige Spiralgalaxien. Ihre außergewöhnlich hohe Energieerzeugung entspringt üblicherweise dem Kern. Wenn wir beden-

100, 101 M77 (= NGC1068 = 3C71) (**100**) und NGC1566 (**101**) sind zwei Beispiele für Spiralgalaxien, die wir von vorn sehen und die ungewöhnlich helle Kerngebiete haben.

102

ken, daß die Zentralbereiche von Spiralgalaxien kleinen elliptischen Galaxien ähneln, könnten wir sagen, daß eine heftige Spirale eine Spiralgalaxie ist, die im Herzen zufällig eine heftige elliptische Galaxie hat.

Einige Spiralen mit optisch sehr hellen Kerngebieten werden Seyfert-Galaxien genannt, nach Carl Seyfert, der sie in den Jahren nach 1940 untersuchte. Zu den in diesem Buch abgebildeten Seyfert-Galaxien gehören NGC1275 (Seite 117) und NGC4151 (Seite 123) und diese beiden Galaxien M77 (oben, Seite 120) und NGC1566 (unten, Seite 120).

Der Kern von M77 ist ein Vulkan an Aktivität. Gaswolken, jede so massereich wie 10 Millionen Sonnen, werden mit Geschwindigkeiten von fast 600 Kilometer in der Sekunde nach außen geschleudert. Die Energie, die gebraucht wird, um diesen Mahlstrom zu erzeugen, ist gleich der, die Millionen Supernovae erzeugen würden. M77 ist schon im Bereich sichtbaren Lichts auffällig; ihr Kern strahlt im infraroten und Radiobereich ebenfalls beträchtliche Energien aus.

102 Die Spiralarme von NGC4258 (M106), einer Galaxie mit einem ‹explodierenden› Kern, weisen die Narben auf, die von besonders heftigen Aktivitäten hinterlassen wurden.

103

NGC1566 hat einen Kern, der in seiner Helligkeit im Lauf der Zeit veränderlich ist, und flackert wie eine ausbrennende Kerze. Die Entfernung von NGC1566 zur Erde ist etwa dieselbe wie die von M77, nämlich 70 Millionen Lichtjahre.

Viele heftige Galaxien zeigen Anzeichen einer Unordnung in ihren Scheiben und auch in ihren Kernregionen. In NGC4258 (Bild 102) enden die Spiralarme in Bündeln heller neuer Sterne, die wie Knoten am Ende einer Peitsche erscheinen. Ein Paar ‹Geisterarme›, unsichtbar, aber mit Radioteleskopen aufspürbar, ziehen hinter den sichtbaren Armen her, eine sehr ungewöhnliche Erscheinung. Und statt der glatten Drehbewegung, die wir in den interstellaren Wolken normaler Spiralgalaxien finden, ist M106 durch etwas zerstört worden, das man interste-

103 Ein besonders stark leuchtender Kern kennzeichnet die aktive Galaxie M94 (= NGC4736).

lare Stürme nennen könnte, die Gaswolken in alle Richtungen schickten.

Der Kern ist sowohl im optischen als auch im Radiobereich ungewöhnlich ‹hell›. E gibt Hinweise dafür, daß er vor etwa 18 Millionen Jahren zwei Materiewolken mit einer Gesamtmasse von mehreren 10 Millionen Sonnen entlang der galaktischen Ebene ausstieß. Man darf also wohl sagen, daß M106 vor kurzem ‹explodierte›, wenn wir damit nicht sagen wollen, daß der Kern zerstört wurde, sondern daß er sich mit großer Heftigkeit in einer Art und Weise seiner Masse entledigte, die an die Erzeugung eines planetarischen Nebels durch einen Stern erinnert – die Episode ist traumatisch, aber nicht tödlich, der Häutung einer Schlange vergleichbar.

Auf den ersten Blick sieht M94 (Bild 103) viel friedlicher aus als ihre Nachbarin M106, mit der sie die Mitgliedschaft im Canes Venatic-I-Galaxienhaufen teilt. Aber auch sie stellt sich als Schauplatz einer Explosion heraus, die vielleicht sogar erst vor 10 Millionen Jahren geschehen ist.

Das sonst ganz unauffällige Auftreten einiger aktiver Galaxien wie M94 unterstützt die Hypothese, daß heftige Ausbrüche zeitweise in normalen Spiralen vorkommen. Wenn das so wäre, dann wären die von uns so genannten aktiven Galaxien eigentlich normale Galaxien, die wir zufällig während einer Episode heftiger Energieerzeugung beobachten. Vielleicht wissen alle Spiralgalaxien, wie man brüllt, und auch solche anscheinend friedliche wie unsere eigene und der Andromedanebel sind nur schlafende Raubtiere.

Der starre Glanz ihres Kerns beherrscht NGC4151, eine der auffälligsten aktiven Galaxien am Himmel. Die Brillanz des Kerngebiets ist so übertrieben, daß es schwierig wird, die Struktur der übrigen Galaxie zu erkennen. NGC4151 zu beobachten ist etwa so, wie wenn man sich bei Nacht einer entgegenkommenden Lokomotive gegenübersähe und versuchen wollte, die Umrisse der Lokomotive hinter ihren Scheinwerfern zu erkennen.

Beobachter, denen es gelungen ist, diese Schwierigkeit zu bewältigen, haben herausgefunden, daß diese Galaxie wie eine Spirale mit schwach ausgeprägtem Balken aussieht. Der Balken ist in der Photographie (rechts) nicht sichtbar, weil er von Licht aus dem Kern überschwemmt wird. Wenn wir den Kern ‹ausknipsen› könnten, würden wir sehen, daß die Galaxie NGC4156 ähnelt, der Balkenspirale, die abseits von ihr nahe am oberen Bildrand liegt. Obwohl die beiden Galaxien am Himmel nahe beieinander zu liegen scheinen, ist NGC4156 in einer Entfernung von 440 Millionen Lichtjahren fast siebenmal weiter von der Erde entfernt.

Während das Balkengebiet von Balkenspiralen gewöhnlich vor allem von alten roten Riesensternen besiedelt ist, strahlt der Balken von NGC4151 nicht mit rotem, sondern mit blauem und ultraviolettem Licht am hellsten. Vielleicht kommt dieses

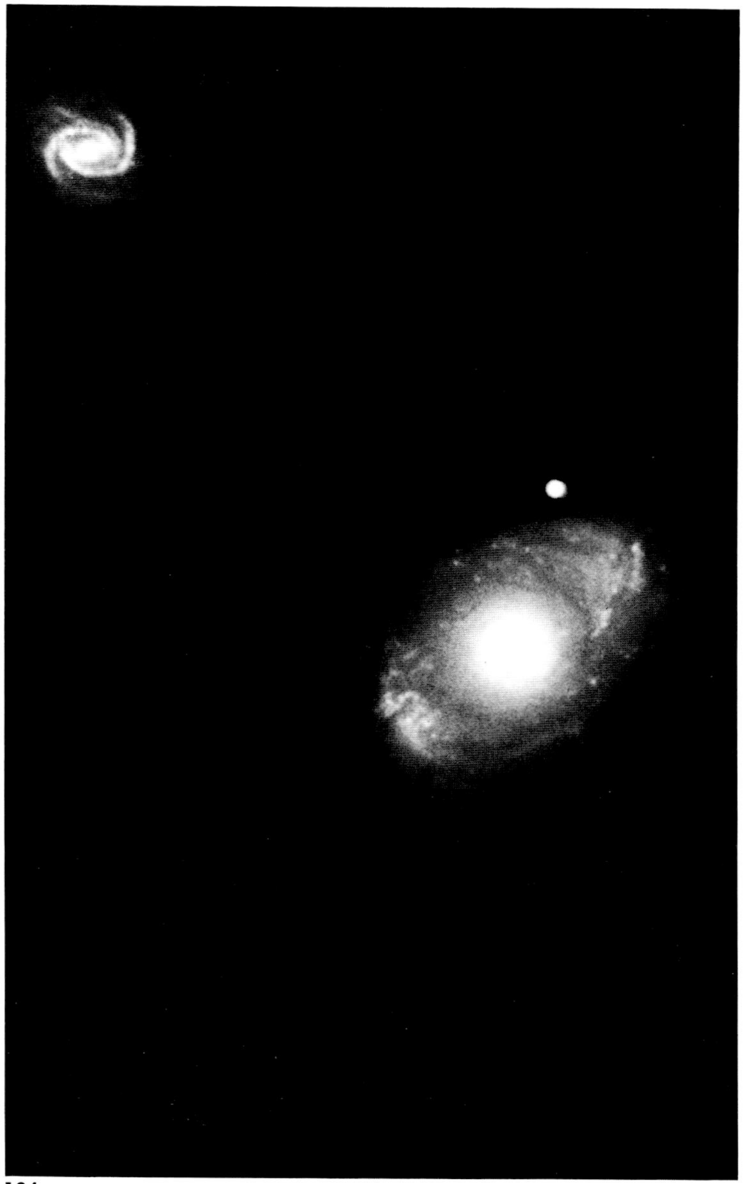

104

104 Der Schein seines hell strahlenden Kerns verdeckt die Balkenstruktur von NGC4151, die der Galaxie im Hintergrund am Bildrand sehr ähnlich ist. Die meisten der Vordergrundsterne sind aus dieser Aufnahme herausretuschiert worden; so sehen wir die Galaxie wie in ihrer natürlichen Umwelt im sternenlosen Raum schweben.

Eine Reise zwischen wechselwirkenden Galaxien

Ein Höhepunkt unserer intergalaktischen Reise naht, wenn wir unser Schiff zwischen einem Paar wechselwirkender Galaxien hindurch steuern. Wir haben uns entschlossen, durch den ziemlich engen Korridor zu fliegen, der zwei große Galaxien voneinander trennt. Sie stellen ein binäres System dar, zwei Galaxien, die durch die Gravitationskraft zusammengehalten werden, wie die Milchstraße und der Andromedanebel. Die längste Zeit ihrer Geschichte sind sie weit voneinander entfernt gewesen, aber jetzt passieren sie einander in einem Abstand von nur einigen galaktischen Durchmessern, und gerade in diesem dramatischen Stadium ihrer Wechselwirkung kommen wir dazwischen.

Der erste Steuermann ist nervös. Er weist darauf hin, daß wir, könnten wir nur sehen, wohin wir in Einsteins Raum-Zeit-Kontinuum fahren, wahrnehmen würden, wie unser Kurs entlang einer gefährlich engen Klippe zwischen zwei enormen Strudeln liegt, die vom Gravitationspotential der beiden Galaxien erzeugt werden. ‹Wir steuern zwischen Scylla und Charybdis›, warnt er, ‹oder vielmehr Charybdis und Charybdis, denn auf beiden Seiten sind Strudel.›

Die Galaxien passieren einander so, daß sie fast mit dem ‹Gesicht› zusammenstoßen. Aus der Entfernung sehen wir sie von der Seite. Während die Monate vergehen und wir näher kommen, scheinen sie sich unserm Blick zu öffnen wie Flügeltüren. Die Türflügel öffnen sich nicht gleichmäßig, sondern bleiben oben etwas näher beieinander, da, wo die relative Neigung der Galaxien zueinander sie am nächsten zusammengebracht hat. Leuchtende Ranken überbrücken dort die Kluft zwischen ihnen. Bald werden wir mitten in diesem Schauspiel sein.

Dünne Wolken von Wasserstoffgas durchdringen den intergalaktischen Raum, der die beiden Galaxien umgibt, und als wir in sie eintauchen, erzeugt ihre Reibung einen andauernden, hohen Klageton des Schiffskörprs. Wir wehren unsere Nervosität ab, indem wir versuchen, uns damit zu beruhigen, daß die beiden Galaxien sicher nicht zusammenschlagen werden, wenn wir dazwischen hindurchfliegen, sondern weiterhin den Bahnen folgen müssen, die Newtons und Einsteins Gesetze ihnen diktieren. Wir haben den vorgesehenen Kurs des Paares oft in Computersimulationen beobachtet – dicht beieinander drehen die beiden Galaxien sich eng um ihr gemeinsames Gravitationszentrum, um sich schließlich 100 Millionen Jahre später zu trennen. Wir sollten ohne Schwierigkeiten zwischen ihnen durchkommen. Und doch halten wir ein wachsames Auge auf den Kurs; keiner von uns möchte versuchen, als erster mit annähernd Lichtgeschwindigkeit seitlich durch eine Spiralgalaxie zu fliegen.

Um uns weiter zu beruhigen, unterhalten wir uns über wechselwirkende Galaxien im allgemeinen. Wir erinnern uns daran, daß sie nicht selten sind. Alle Galaxien, versichern wir einan-

der, könnten wechselwirkend genannt werden, da sie ja alle auf das allgemeine Gravitationsfeld des Weltalls reagieren, zu dem Millionen Galaxien beitragen. Kommen nicht alle Galaxien aus einer formlosen Suppe von Materie, die das Universum vor langer Zeit durchdrungen hat? Und ist nicht ihre Bildung eine Geschichte von Wirbeln, die aus dieser Ursuppe sich herausbildeten und zu den Paaren, Gruppen und Haufen von Galaxien, die wir heute sehen, kondensierten? Und ist nicht die Struktur der Galaxien, die wir so gerne betrachten, nur die sichtbare Botschaft, die die unsichtbare Hand der Gravitationswechselwirkungen schrieb?

In der Vergangenheit hat es viele enge Wechselwirkungen von Galaxien gegeben, vielleicht auch einige, an denen die Milchstraße und der Andromedanebel beteiligt waren; die Galaxien haben sie in gutem Zustand überlebt. Sie wurden nur verdreht, verformt, ihre Scheiben langgestreckt, ihre Kerne in Brand gesetzt, Millionen ihrer Sterne in den Weltraum gesprengt ... ganze Galaxien in ihrer Form und Struktur verändert ...

Wir werden still. Der Schiffskörper stöhnt und ächzt.

Schließlich befinden wir uns zwischen ihnen. Eine Spiralgalaxie hängt steuerbord, die andere backbord – zwei himmlische Räder, wir selbst auf der Achse. Ihr Sternenlicht flutet durch die Bullaugen und badet das Innere unseres Schiffes in einem Licht, wie es keiner von uns je gesehen hat.

Wir betrachten das Schauspiel vom oberen Beobachtungsraum aus, einer Art Aussichtskuppel, die die Ingenieure, die das Schiff entwarfen, in einer Laune den gläsernen Aussichtswagen nachempfanden, die auf der Erde einst so beliebt waren. Wir drehen das Licht im Innern aus und sehen nach oben, um die Teile der Spiralen sehen zu können, die durch die Neigung der Scheiben am dichtesten beieinander sind.

Hier wird der intergalaktische Zwischenraum durch leuchtende Ranken überbrückt, die weit über uns wie Weinreben an einem Baum hängen. Wir können erkennen, daß sie aus Gas und Millionen von Sternen bestehen, die von der kleineren der beiden Spiralgalaxien losgelöst und zu der massereicheren hinübergezogen wurden.

Die Sterne eines Kugelhaufens blitzen in nächster Nähe auf und versetzen uns in Panik. Unser Kurs führt uns mitten durch die Außenbezirke eines Kugelhaufens, der zum Halo einer der Galaxien gehört. Sterne blitzen an den Fenstern vorbei wie Feuerwerk.

Wir alle haben allerdings vorerst genug und steigen schnell die Leiter hinunter. Es dauert Tage, bis wieder jemand nach oben geht.

Wochen vergehen, die Zwillingsgalaxien verkriechen sich achtern. Wir genießen den Blick in die dunklen, intergalaktischen Räume, die wir früher gefürchtet hatten.

GALAXIEN IN WECHSELWIRKUNG

Das System M51–NGC5195

Die Geschichte von Galaxien, die miteinander in Wechselwirkung stehen, und die Geschichte der Galaxien selbst, ihrer Sterne, Planeten und interstellaren Wolken – diese Geschichte ist vor allem eine Geschichte der Schwerkraft. Die Anziehung, die zwischen Materie herrscht, hält die Atome von Sternen und Planeten zusammen, erhält die Ansammlungen, die wir Galaxien nennen, und bindet diese zu Gruppen, Haufen und Superhaufen zusammen. Würde die Gravitation weggenommen, explodierte das Weltall zu Staub.

So allgegenwärtig ist der Einfluß der Gravitation, daß wir leben, ohne sie richtig wahrzunehmen – so wie ein Fisch wohl wenig über Wasser nachdenkt. Aber gerade weil Gravitation allgegenwärtig ist, kann jemand, der ihr Wesen begriffen hat, mit großer Genauigkeit eine ungeheure Vielfalt physikalischer Erscheinungen überall im Kosmos vorhersagen. In unserer Welt gewann Isaak Newton diese Einsicht, als er die Eingebung hatte, daß die Kraft, die einen Apfel zur Erde fallen läßt, auch die Umlaufbahnen astronomischer Körper erklären könnte. Newtons Gleichungen kamen der Wahrheit so nahe, daß sie heute noch zur Erklärung der Dynamik der Wechselwirkung von Galaxien benutzt werden.

Das normale Gravitationsverhalten einer Hauptgalaxie könnte man als ‹demokratisch› und ‹souverän› beschreiben. Es ist demokratisch insofern, als die Form einer Galaxie eine Gravitationsbedingung wiederspiegelt, in der jedes Gramm Materie, das zur Galaxis gehört, seine Stimme hat. Der größte Teil dieser Materie ist zu Sternen vereinigt. Die größte Sternkonzentration finden wir im Zentralbereich, und die Sterndichte nimmt zu den Außengebieten hin ab. Die Umlaufbahn eines jeden Sternes ist ein sichtbares Zeichen der Gravitationsbedingungen, die all seine Mitsterne schaffen.

Im Fall unserer Sonne, einem Stern im äußeren Teil der Scheibe einer Spiralgalaxie, hat die Umlaufbahn die Form einer leichten Ellipse angenommen, die um das Zentrum der Milchstraße herum gelagert und zur galaktischen Ebenen ein wenig geneigt ist. Die Sonne vollendet alle zweihundertfünfzig Millionen Jahre einen Umlauf. Die meisten Sterne unserer Galaxie liegen im Inneren der Sonnenbahn zum galaktischen Zentrum hin konzentriert, so daß wir mathematisch die Bahn der Sonne annähernd beschreiben können, wenn wir so tun, als ob sie um einen Punkt in der Mitte der Galaxie herumliefe, dessen Masse die vieler Milliarden Sterne aufwiegt.

In der Sprechweise Newtons sagen wir, die Sonne reagiere auf die Gravitations‹kraft›, die die anderen Sterne auf sie ausüben; in der Sprache Einsteins sagen wir, daß ihre Bahn eine ‹Geodätische› beschreibt, womit wir meinen, daß sie den kürzesten ihr möglichen Weg durch die Gegebenheiten des Raum-Zeit-Kontinuums verfolgt. Das Ergebnis von all dem ist – was uns als eine normale Galaxie erscheint – eine im allgemeinen lockere, etwa symmetrische, einigermaßen geordnete Zusammenkunft von Sternen, die sich in einem ‹Gravitationsabkommen› , das sie sozusagen unter sich ausgearbeitet haben, sicherfühlen.

Galaktische Souveränität trifft insofern zu, als das Gravitationsklima einer Galaxie vorwiegend ihr eigenes ist. Normalerweise kann jede Galaxie in einem hinreichend großen Raumvolumen regieren, von dem die Nachbargalaxien gebührend Abstand halten. Die Souveränität ist verletzt, wenn eine Nachbargalaxie so nahe kommt, daß ihr Gravitationsbereich die heimische Ordnung zu stören beginnt. Die Gravitationskraft nimmt mit dem Quadrat des Abstands ab, deshalb kann eine massereiche Galaxie, die in einiger Entfernung vorbeizieht, genausoviel Störung verursachen wie eine weniger massereiche, die sehr nah kommt oder sogar einen Zusammenstoß verursacht.

Die Auswirkungen einer Gravitationsstörung auf die Struktur der betroffenen Galaxie können dramatisch sein. An einem solchen dramatischen Zusammentreffen sind in unserer kosmischen Nachbarschaft M51 und NGC5195 beteiligt. Beide sind Spiralen, jede hat etwa die Hälfte der Masse der Milchstraße. M51 sehen wir fast genau von vorn, während ihr Partner, den wir fast genau von der Seite sehen und der durch die Auswirkungen der Wechselbeziehungen der zwei Galaxien arg entstellt ist, gewöhnlich als eine irreguläre Galaxie klassifiziert wird.

M51 ist eine der schönsten Spiralen, die wir Menschen kennen, aber ihre Schönheit ist nicht ungetrübt. Sie ist wirklich eine deutlich gestörte Galaxie. Der der Partnergalaxie nächste Arm reicht flehentlich zu ihr hinüber und hakt sich an einer Stelle bei einem inneren Arm ein, während auf der gegenüberliegenden Seite der Arm weit aus seiner normalen Lage herausgebogen ist.

In einem Computer wurde der Zusammenstoß, aus dem sich diese Verzerrungen ergaben, simuliert; wie wir in der Abbil-

109 Die auffällige Spiralgalaxie M51 (= NGC5194) und ihr Partner NGC5195 kamen sich vor einigen 100 Millionen Jahren sehr nah; die Nachwirkungen dieser Begegnung können wir heute noch in der verlängerten Scheibenform von M51 und dem weiten Winkel der Spiralarme sehen.

Abbildung 8

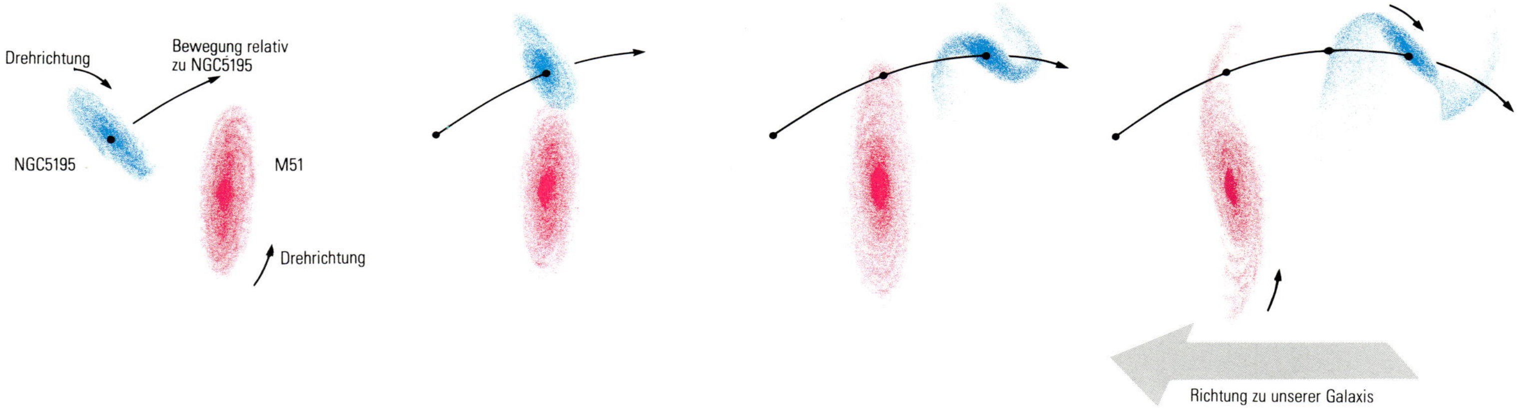

dung (Seite 132) sehen, läuft NGC5195 auf einer Bumerang-Bahn, die sie vor Millionen Jahren an M51 vorbeipassieren ließ. Jetzt ist sie weit entfernt von M51 und bewegt sich weiter fort. Dabei hinterläßt sie deutliche Spuren der Störung. Die normalerweise fast kreisrunde Scheibe von M51 ist durch den Zug der Gravitation von NGC5195 zu einer Ellipse flachgedrückt worden. Teile der Scheibe, die der Partnergalaxie am nächsten waren, wurden hinter ihr her gezogen, und der gegenüberliegende Teil der Scheibe dehnte sich aus – damit, auf seine Art das verringerte Gravitationspotential beantwortend, das entstand, als ein großer Teil der anderen Galaxienseite weiter hinausgezogen worden war –, und dabei blieben die Arme auf beiden Seiten locker hängen wie eine entspannte Uhrfeder.

Das Zusammentreffen dieser beiden Galaxien riß Millionen von Sternen aus ihrem heimatlichen Verband los und überließ sie im intergalaktischen Raum sich selbst. Hätten wir uns auf einem Planeten entwickelt, der einen solchen ausgestoßenen Stern umkreist, so wäre unser Nachthimmel sternenleer, nur – wie durchbohrt – hier und da von einem der wenigen Sterne besetzt, mit denen wir unser Leben im Exil teilen müßten. Beherrscht wäre der nächtliche Himmel von zwei großen Galaxien – der zertrümmerten Scheibe von NGC5195 in der einen Richtung, in der anderen das große Rad von M51. Astronomen, die die relative Bewegung der beiden Galaxien und unseres Heimatsterns zu entziffern versuchten, könnten sich dann zusammenreimen, wo wir Millionen Jahre vorher gewesen waren und weshalb wir so verwaisten.

Abbildung 8. M51-NGC5195-Wechselwirkung
Sowohl M51 als auch ihr Partner NGC5195 wurden bei einer in der jüngeren kosmischen Geschichte engen Begegnung schlimm entstellt, wie dieser ‹Seitenanblick› zeigt, der ihre Geschichte in den letzten 100 Millionen Jahren rekonstruiert. NGC5195 bewegt sich von M51 weg, weil sie aber hinter M51 liegt, wenn wir sie von der Milchstraße aus betrachten, sehen die beiden Galaxien aus, als ob sie noch ineinander verwickelt wären.

110

110 Im Farbbild zeigt M51 Felder blauer Sterne in dem Spiralarm, der der Partnergalaxie NGC5195 nahe ist; möglicherweise entstanden sie beim Bersten der interstellaren Wolken in diesem Arm, das durch die Störung der Gravitation durch die vorbeiziehende Galaxie verursacht wurde.

Das System M81–M82

112

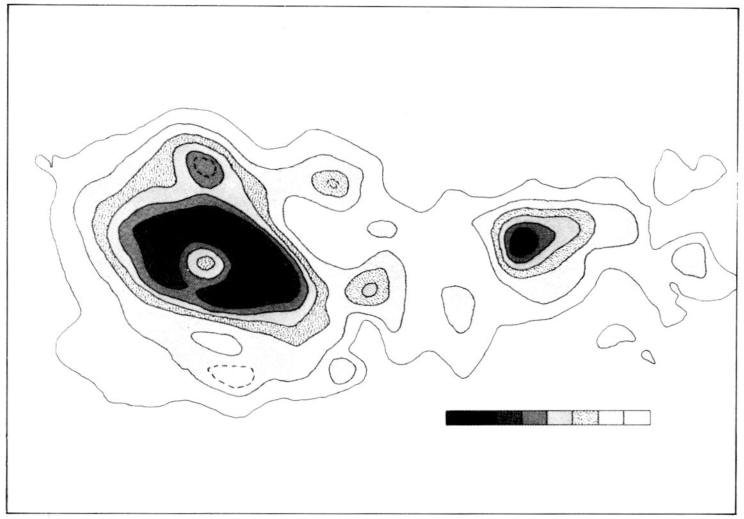

113

Ein anderer Fall galaktischer Wechselwirkung, der in der jüngeren kosmischen Geschichte vorkam, ist in der Gruppe M81 zu finden, einem Nachbarn der Lokalen Gruppe, der nur etwa 10 Millionen Lichtjahre entfernt ist. Das Flaggschiff der Gruppe, M81, ist etwa so groß und so bevölkert wie die Milchstraße.

100 000 Lichtjahre von M81 entfernt, lauert M82, eine geheimnisvolle Galaxie, die in der heutigen Astrophysik die Rolle der Sphinx spielt. Sie ist wahrscheinlich eine Spirale, die wir fast genau von der Seite sehen; jedenfalls sieht sie äußerst merkwürdig aus. Ihr Zentralbereich erscheint gefleckt, dunkle Wolken beachtlichen Ausmaßes heben sich vom starken Sternenlicht ab. Hier finden sich helle Nebel in solcher Überfülle, daß – wäre unser Sonnensystem in jene Galaxie versetzt – unser Himmel wie ein glühender Flickenteppich aussehen würde. Vieles von dem interstellaren Material, den dunklen und hellen Nebeln, erstreckt sich weit aus der Ebene der Scheibe heraus, als ob M82 von einer Art Galaxienbeben erschüttert worden wäre. Die Krönung ihres exzentrischen Aussehens sind zwei Wasserstoffwolken – jedenfalls scheinen es welche zu sein –, die aus den galaktischen Polen hervorragen.

Eine Unmenge von Theorien sind aufgestellt worden, um zu erklären, was innerhalb der verborgenen Grenzen von M82 vor sich ging. Einige von ihnen sind so einfallsreich und erfinderisch wie jene, die in vergangenen Zeiten in den Narwalen Seejungfrauen zu erkennen glaubten. Die zahllosen Hypothesen und Theorien scheinen sich in der Rückschau genauso aus den Wünschen und Neigungen der Theoretiker wie aus den Gegebenheiten der Galaxie selbst entwickelt zu haben. Wie die Sphinx hat auch M82 sich uns weniger in Antworten als im Echo kundgetan.

Und doch ist es möglich, zu rekonstruieren, wie die Geschichte von M82 ausgesehen haben könnte: Etwa vor 200 Millionen Jahren bewegte sie sich friedlich als ein kleiner Spiralnebel, der sich um seine eigenen Angelegenheiten kümmerte, durch den Raum. Dann rauschte die gewaltige M81 mit ihrer zehnmal so großen Masse, wie ein Ozeanriese an einem Segelboot, an ihr vorbei. Die Gravitationswirkung der größeren Galaxie überspülte die kleinere, änderte die Umlaufbahnen von Millionen ihrer Sterne und verursachte durch den Schock den Zusammenbruch ihrer interstellaren Wolken, wodurch Millionen

111 M81 (= NGC3031) beherrscht eine Galaxiengruppe, die nur 10 Millionen Lichtjahre von uns entfernt ist.

112 Eine Weitwinkelsicht zeigt die Beziehung, in der M81, M82 (= NGC3034) und ein Zwergsatellit von M81, NGC3077, zueinander stehen. Untersuchungen der Relativbewegungen zeigen an, daß M81 und M82 vor 200 Millionen Jahren aneinander vorbeizogen und sich jetzt voneinander entfernen.

113 Eine Radiokarte des Systems zeigt, daß M81 und M82 von einer gemeinsamen Hülle intergalaktischen Gases umgeben sind.

Die Galaxie NGC4631

117

Die Riesenspirale NGC4631 scheint wie ein Meer zur Zeit der Flut wellenförmig hin und her zu schwappen. Die wahrscheinlichste Erklärung für ihr entstelltes Aussehen ist, daß sie auf den Gravitationssog benachbarter Galaxien antwortet. Sie hat zwei Nachbarn. Einen, NGC4627, kann man auf der Photographie sehen. Es ist ein kleines urtümliches System – nur Sterne und Raum – der Sorte, die als Zwergellipse eingeordnet wird. Der andere Begleiter, die Spirale NGC4656, liegt außerhalb unserer Photographie. Sie hat nur ein Viertel der Sterne von NGC4631, aber sie ist gegenwärtig nur ungefähr 100 000 Lichtjahre entfernt, weniger als die Milchstraße von den Magellanschen Wolken. Darum sollte ihre Gravitationsanziehung ausreichen, die größere Spirale so zu verformen.

Da wir NGC4631 fast seitlich sehen, versperren die interstellaren Wolken der Scheibe unseren Blick auf ihren Kern im Bereich der Wellenlängen des sichtbaren Lichts. Mit Radiowellen kann man ihren Kern jedoch ausmachen; er stellt sich als sehr energiereich heraus. Der größte Teil seiner Radioenergie stammt aus einer hellen zentralen Quelle in der Mitte und von einem Paar zweitrangiger Quellen, die je an einer Seite sind – ein Dreiermuster der Radiostrahlung, wie es in der Mitte vieler aktiver Galaxien gefunden wird. Dies läßt vermuten, daß der Kern auch im optischen Bereich hell ist, wenn wir ihn nur durch die störenden Staubwolken hindurch sehen könnten.

Auch hier können wir wieder vermuten, daß die Gravitationskraft anderer Galaxien, die in der Nähe vorbeiziehen, einen Mechanismus anregen, der den Kern einer Galaxie ‹einschaltet› und ihn veranlaßt, ungewöhnlich große Energiemengen auszusenden. Ob Galaxien wohl immer aufleuchten, wenn sie einander begegnen, und ihre nuklearen Leuchttürme blinken wie Schiffe, die einander in der Nacht Signale zuschicken?

116 Die Spiralgalaxie NGC4631 ist in ihrer Ebene entstellt worden; vermutlich geschah das in Graviationswechselwirkung mit zwei benachbarten Galaxien.

117 Die Scheibe von NGC4631 scheint in dem für junge Sterne charakteristischen Blau; das kupferfarbene Licht älterer Sterne des Zentralbereichs, der in dieser gestörten Galaxie etwas verschoben ist, leuchtet von innen heraus.

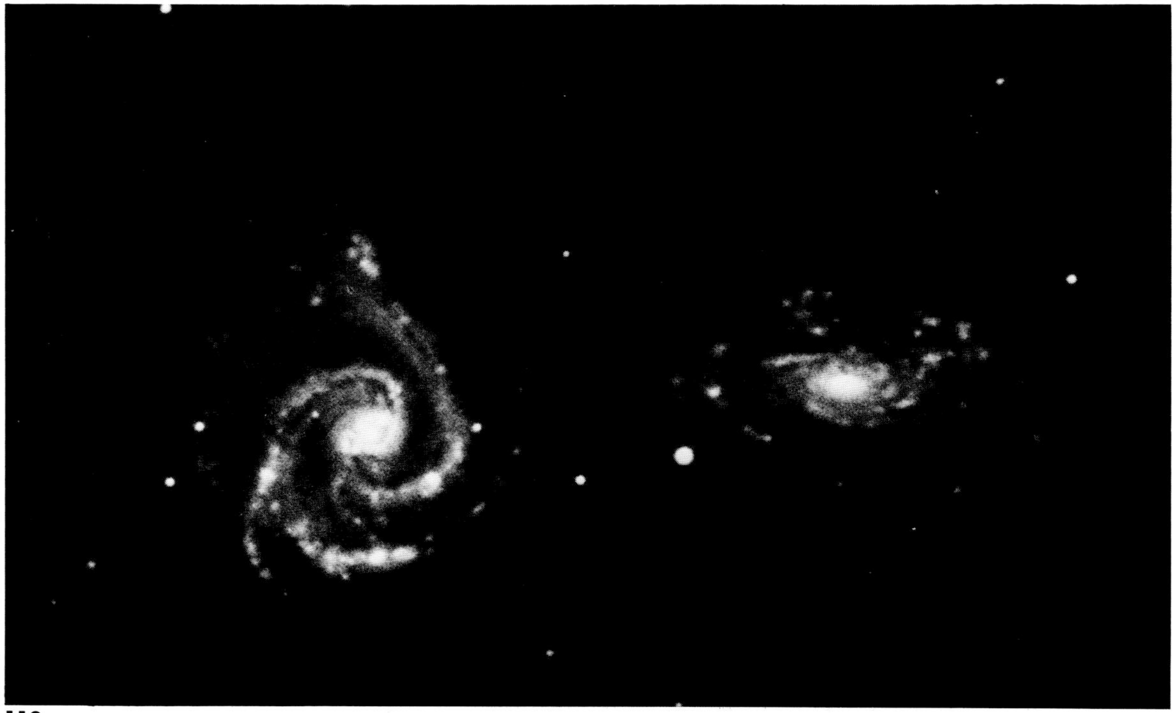

118

118–121 Einige zwischengalaktische Begegnungen, wie die der Spiralgalaxien NGC5426/27 (**118**), NGC4567/68 (**120**) und von NGC2207/IC2163 (**119**) lösen in der Struktur der beteiligten Galaxien nur leichte Störungen aus, während andere, wie die von Stephans Quintett (= NGC7317-20) (**121**) extrem dynamisch und zerstörend wirken. Alle jedoch ändern sich nach menschlichem Maßstab so langsam, daß sie wie ewig wirken. Wenn unsere Cro-Magnon-Vorfahren Teleskope gebaut und diese Photographien gemacht hätten, würden ihre Aufnahmen von vor Zehntausenden von Jahren von diesen nicht zu unterscheiden sein.

119

120

121

Unterschiede in der Wechselwirkung

Der Tanz der Galaxien miteinander kann so behäbig sein wie ein Menuett oder so ungestüm wie eine Mazurka. Die Galaxienpaare, die wir hier sehen, gehen sehr vornehm miteinander um, und ihre pendelnden Arme schwingen im Takt.

Im Gegensatz dazu sind die Galaxien des Stephan-Quintetts (rechts) stark miteinander verflochten und zeigen Anzeichen von Ungestüm. Die Spirale unten links ist im Vordergrund, sie gehört also nicht zur Gruppe, die deshalb eigentlich das Stephan-Quartett heißen sollte. Einige Beobachter haben Anzeichen dafür gefunden, daß die Galaxien dieses Quartetts dabei sind, in eine einzige Galaxie zu verschmelzen, während andere gerade zum entgegengesetzten Schluß gekommen sind und vorhersagen, daß sich das Quartett voneinander weg bewege.

Ob so oder anders, die Sache hat sich schon erledigt. Die Galaxien sind entweder verschmolzen oder sie haben sich getrennt. Die 300 Millionen Lichtjahre Licht, das sich vom Quartett zu unserer Galaxis hinzieht, enthalten die Nachrichten ihres Schicksals.

‹Rattenschwanz›-Galaxien

122

122 Die ‹Rattenschwanz›-Galaxien NGC4038/39 (**122**) und NGC2623 (Seite 143) präsentieren lange Federn ausgestoßener Sterne und interstellaren Materials, die bei der Gravitationswechselwirkung dieser beiden Galaxien, die etwa gleiche Masse haben, erzeugt wurden.

Galaxien, die fast zusammenstoßen, können lange Schwänze voller Sterne und interstellaren Materials bilden, die sich einige galaktische Durchmesser in den Raum hineinziehen. Das scheint durch folgenden Ablauf von Ereignissen möglich zu werden:

Zwei Galaxien von etwa gleicher Masse – normalerweise ein Zweierpaar auf stark elliptischen Umlaufbahnen, auf denen sie sich nur gelegentlich sehr nahe kommen – begegnen einander. Auf den einander zugewandten Seiten werden Milliarden Sterne aus ihren Bahnen gerissen, von denen viele im intergalaktischen Raum zurückbleiben. Dieser Masseverlust hat für die Galaxie den Verlust eines Teils der Gravitationsanziehung zu Folge, die sie zusammengehalten hat. Die Sterne auf den voneinander abgewandten Seiten können in den intergalaktischen Raum hinauswandern, genau so, wie wenn man eine Wurfleine schleudert, dann plötzlich mehr Leine freigibt, und sie nach außen fliegt. Das Ergebnis sehen wir bei jeder der am Zusammentreffen beteiligten Galaxien in einem Paar von Schwänzen.

Es dauert einige Zeit, bis die Schwänze sich selbst bei den großen Entfernungen wieder losgewickelt haben; wenn sie endlich ihre eigene Form gefunden haben, ist die Begegnung lange her, und die daran beteiligten Galaxien sind fast damit fertig, ein relativ ungestörtes Aussehen wiederherzustellen. In wenigen 100 Millionen Jahren wird alles ruhig sein, und es wird schwierig sein, überhaupt festzustellen, daß jemals etwas Besonderes passiert ist.

Abbildung 9
Wenn sich zwei Galaxien von etwa gleicher Masse sehr nahekommen, wird bei beiden das innere Gleichgewicht gestört; Milliarden Sterne werden in einem Paar langer Arme oder ‹Rattenschwänze› weit in den Raum geschleudert. Diese Darstellung ist auf eine Rekonstruktion der Ereignisse durch Computersimulation gegründet.

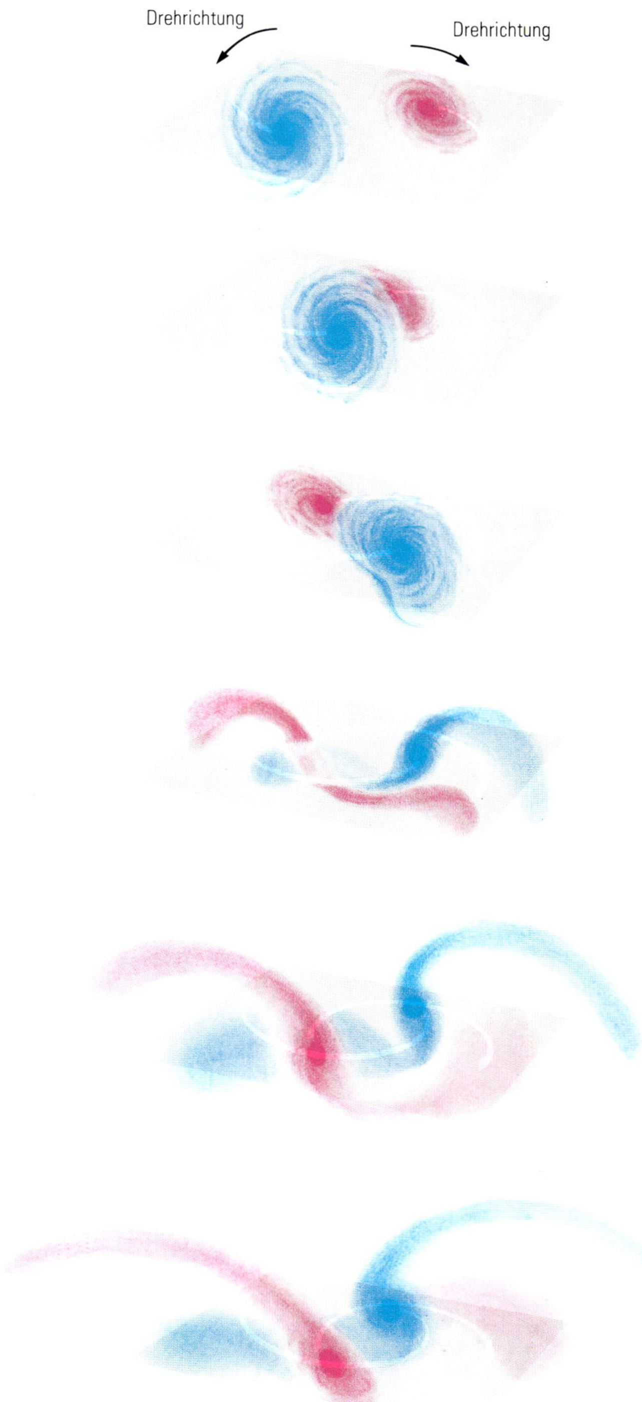

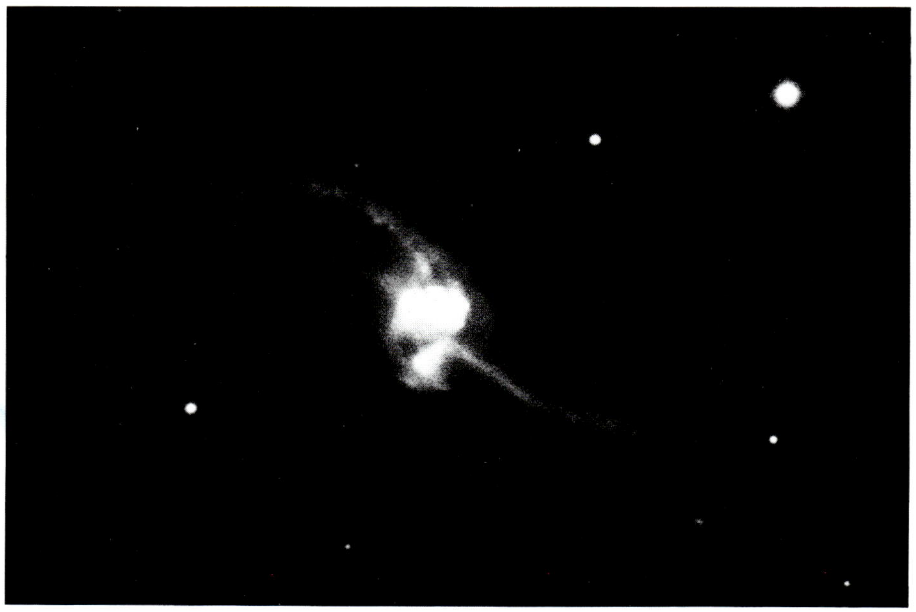

Abbildung 9

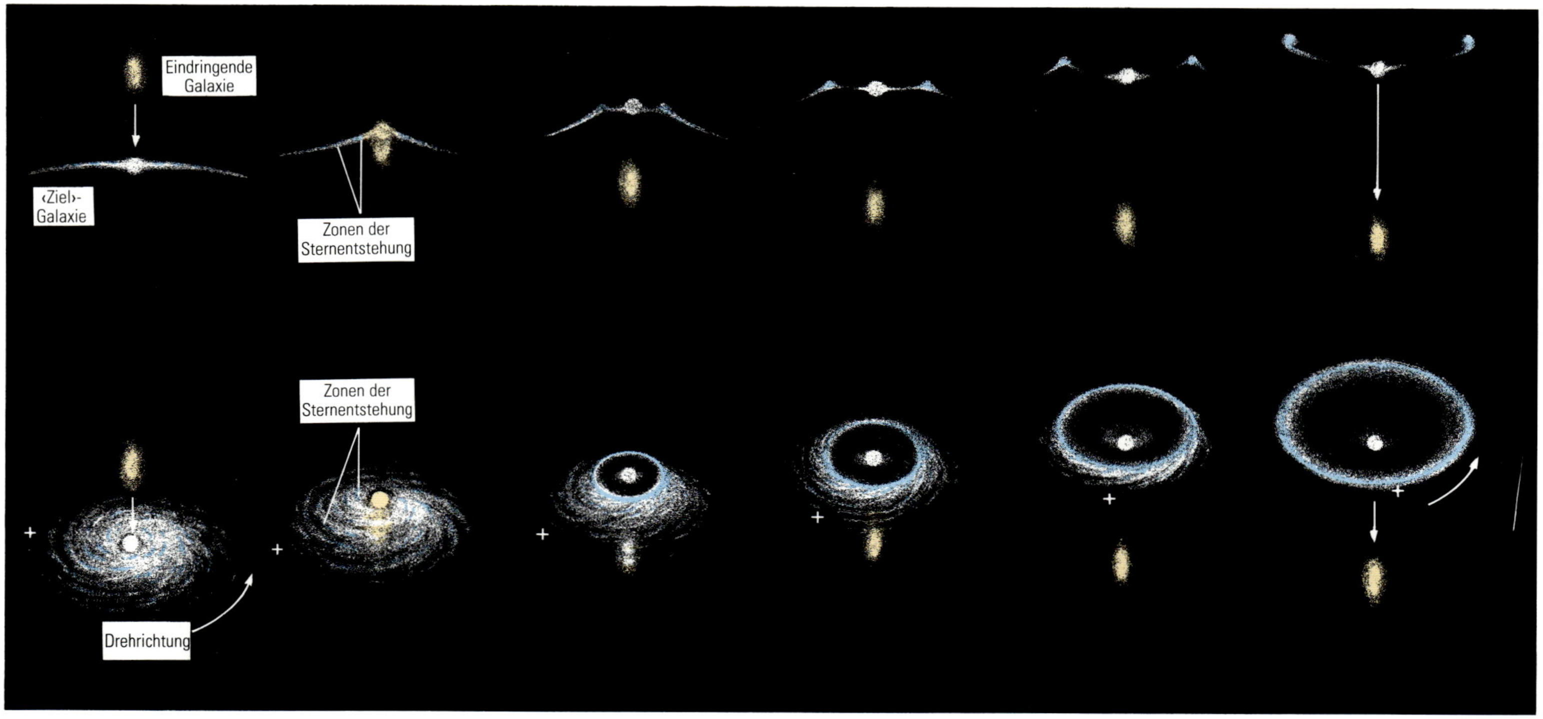

Abbildung 10

Ringgalaxien

Ringgalaxien entstehen, wenn eine große Spirale mit einer kleinen Galaxie oder einer intergalaktischen Gaswolke zusammenstößt. Die Ringstruktur ist eine nur vorübergehende Erscheinung, sie ergibt sich aus der durchgreifenden Änderung des Gravitationsfeldes der großen Galaxie, die der Eindringling bewirkt.

Stellen wir uns einmal vor, daß ein solcher Galaxieneindringling eine große Spirale mehr oder weniger genau ins Schwarze trifft. Milliarden von Sterneindringlingen treiben sich dann zwischen denen des Zentralbereichs der Spirale herum, ungefähr im rechten Winkel zur Ebene der größeren Galaxie. Der interstellare Raum ist geräumig, und wenn überhaupt, dann stoßen nur wenige Sterne zusammen, aber die zeitweise Besetzung der Spiralgalaxie durch Milliarden fremder Sterne bewirkt eine gewaltige Verstärkung der lokalen Gravitationsanziehung. Scheibensterne werden durch die verstärkte Anziehung nach innen gezogen.

Aber wenn dann schließlich viele der Sterne im Zentralbereich ankommen, stellt sich heraus, daß das Schauspiel schon vorüber ist. Der Galaxieneindringling ist weitergezogen und hat das Gravitationspotential mitgenommen. Von der Kraft, die sie anzog, befreit, prallen die Scheibensterne wieder in einem sich ausdehnenden Ring nach außen. Der Schock von all diesem Durcheinander fördert auf breiter Ebene den Zusammenbruch der interstellaren Wolken zu neuen Sternen. Der sich ausdehnende Ring funkelt von neuem Sternenlicht, wenn er immer größer wird.

Abbildung 10. Ringgalaxien
Die Entstehung einer Ringgalaxie wird hier in zwei Sichtweisen rekonstruiert. Ein kleiner ‹Galaxien-Eindringling› passiert die Mitte einer großen Spirale und zieht dabei die Sterne und das interstellare Material der großen Galaxie zu sich hin. Wenn sich der Eindringlinge wieder entfernt, werden die Sterne, das Gas und der Staub frei und fliegen als Ring nach außen, leuchtend mit dem Licht neuer Sterne, die durch den Schock dieses Ereignisses entstanden. Die entstellte Galaxie wird bald wieder ihre normale Form angenommen haben.

123 Ein Galaxieneindringling saust davon und zieht einen Schwanz von Gas, Staub und Sternen hinter sich her. Er läßt eine Ringgalaxie hinter sich zurück, die schon beginnt, sich in eine normale Galaxie zurückzubilden; die Ringgalaxie ist als Objekt RG33 Nr. 754 in den Katalogen verzeichnet.

123

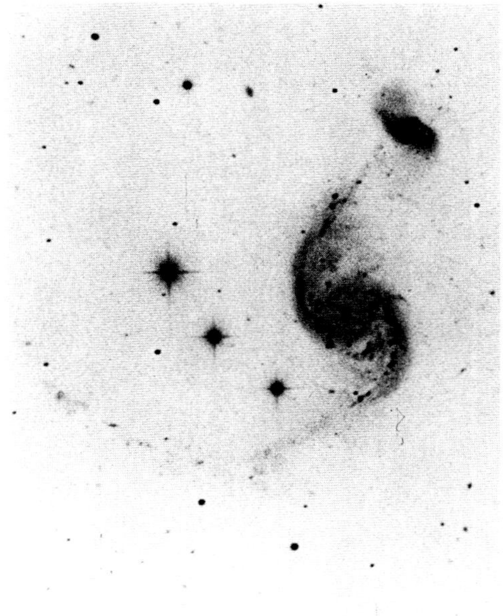

124

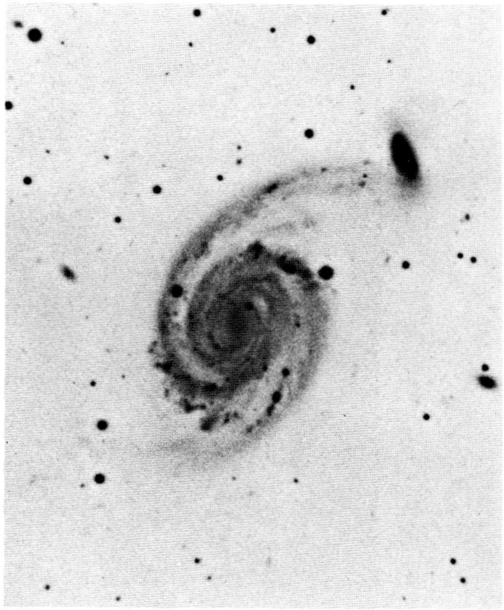

125

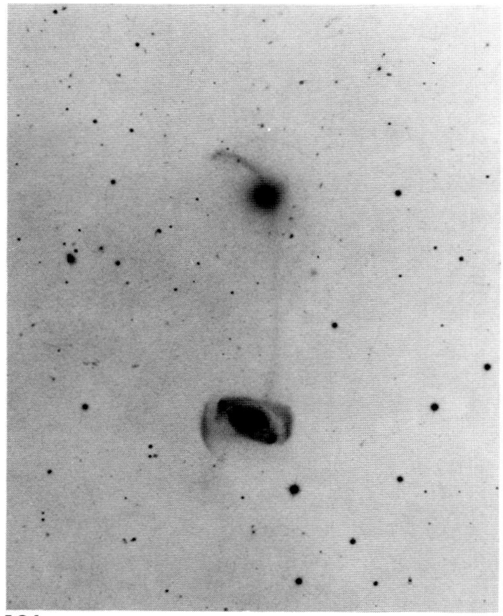

126

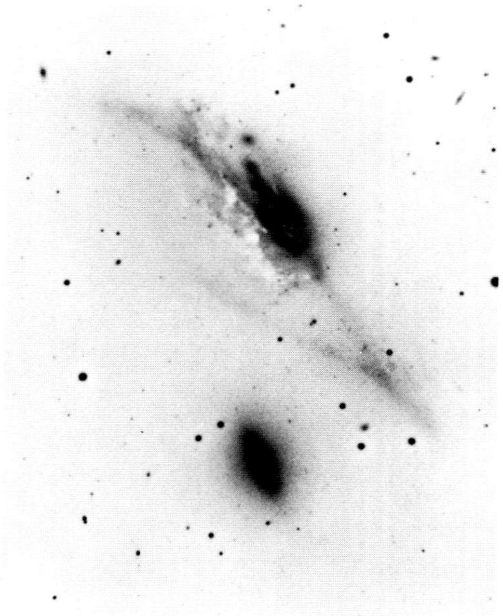

130

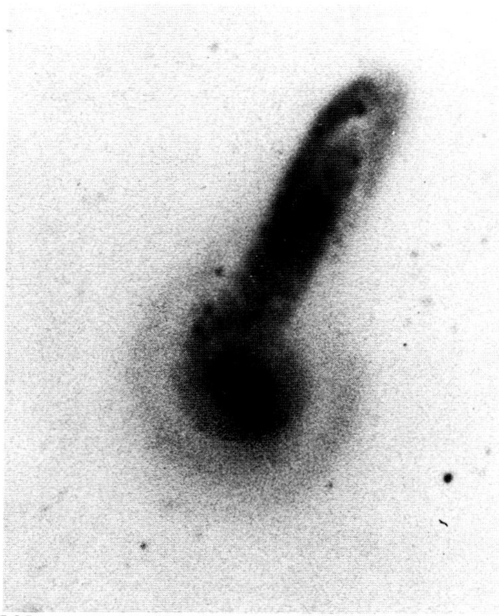

131

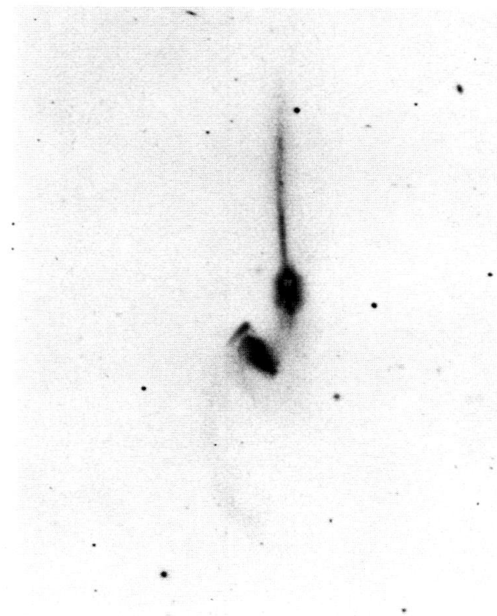

132

124–135 Wechselwirkung kann zu einer außerordentlichen Formenvielfalt der Galaxien Anlaß geben. Hier sind Negativbilder wiedergegeben, die die dünneren äußeren Gebiete jeder Galaxie genauer zeigen: **124:** NGC2535/36 (= Arp 82); **125:** NGC7753/52 (= Arp 86); **126:** NGC5216/18 (= Arp 104);

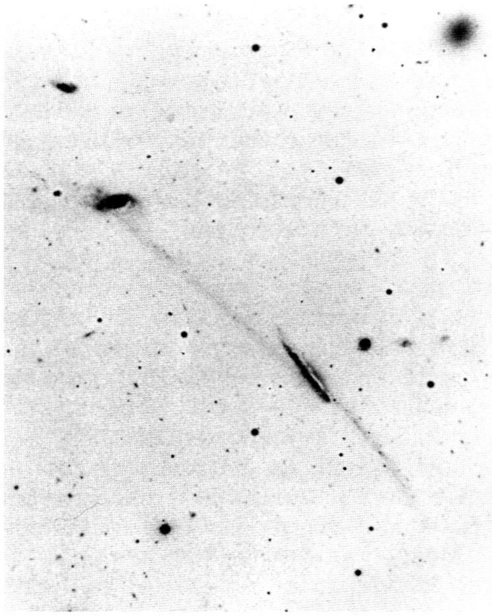

127

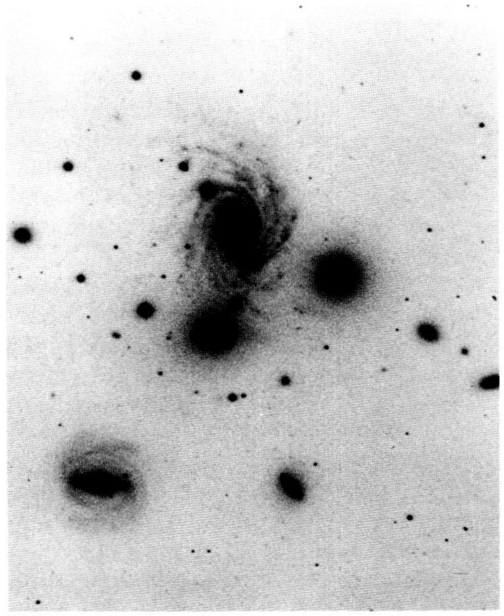

128

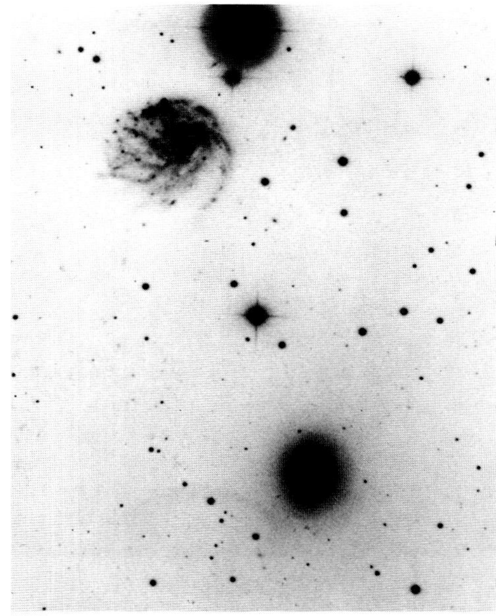

129

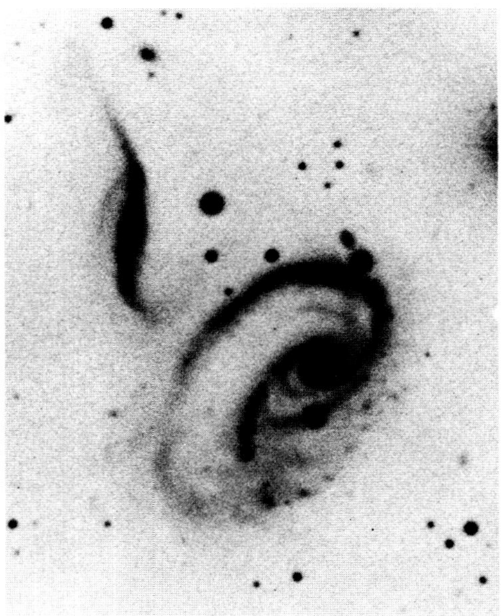

133

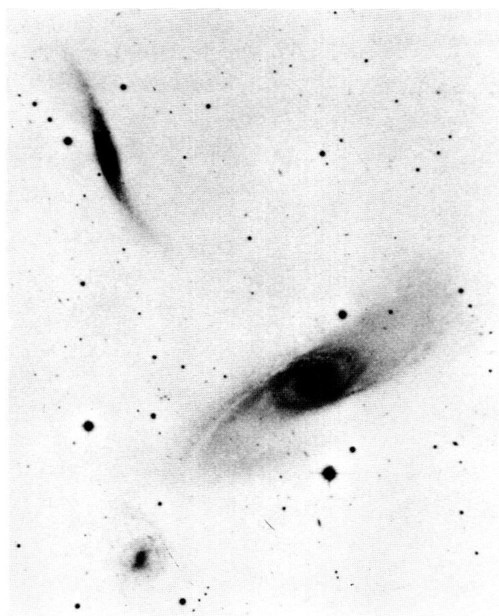

134

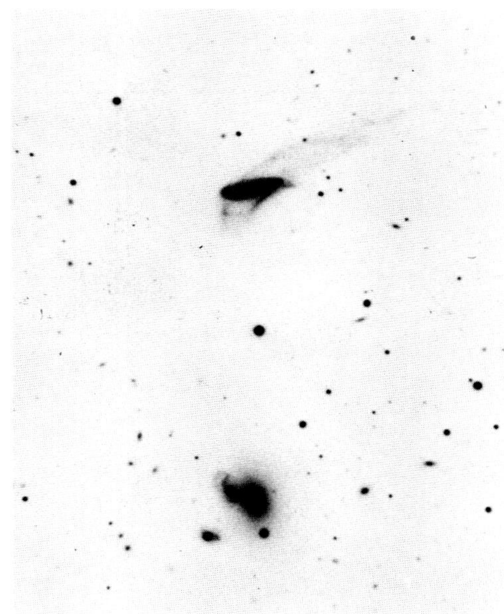

135

127: IC1505 (= Arp 295); **128:** NGC70 (= Arp 113); **129:** NGC2275/2300 (= Arp 114); **130:** NGC4438 (= Arp 120); **131:** NGC5544/45 (= Arp 199); **132:** NGC4676 (= Arp 242); **133:** Arp 273; **134:** NGC5566/60/69 (= Arp 286); **135:** NGC5221/22/26 (= Arp 288).

Eine Reise durch den Lokalen Superhaufen

Unser altes Schiff ist weit gekommen. Wir sind der Lichtgeschwindigkeit so nahe gekommen, daß wir uns manchmal schon selbst wie Licht fühlen, flüchtig und schwerelos. Die Geschwindigkeit allein ist unser Zuhause. Jahrzehnte sind an Bord vergangen. Menschen starben und wurden geboren; Freude und Trauer, Erfolg und Niederlagen haben wir erlebt – kurz, Jahrzehnte unseres Lebens. Das Streichquartett löste sich schon vor Jahren auf. Der Koch ist mürrisch geworden, als beides, Lob und Tadel, abebbten. Die Wissenschaftler beklagen sich über die Beschränkungen, die die gewaltige Bibliothek des Schiffes ihnen auferlegt. Wir, die wir uns als so junge Leute auf die Reise machten, sind die Alten geworden. Gelegentlich reden wir davon, uns auf einem Planeten wie der Erde, in der Nähe eines Sternes wie der Sonne, in einer Galaxie wie dem Milchstraßensystem niederzulassen und dort neu anzufangen. Aber wir sind so schnell, daß es Jahre brauchen würde, bis wir abbremsen könnten. So fliegen wir weiter, wie Licht.

Früher betrachteten wir die Form der Galaxien; jetzt wird unsere Aufmerksamkeit von der Form der Galaxienhaufen gefesselt. Hier finden wir Ordnung, Verständlichkeit und einen tiefen Zusammenhang hinter der Vielfalt des Universums.

Galaxienhaufen, so erkennen wir, zeigen eine Vielfalt von Formen in einem allgemeinen Muster. Die einfachste Art, sie zu ordnen, ist, sie nach ihrer Struktur anzuordnen, so daß die regelmäßigsten Galaxienhaufen am einen Ende des Kontinuums sind und die anscheinend chaotischsten am anderen. Die regelmäßigen Haufen sind kugelförmig oder elliptisch und ihre Galaxien konzentrieren sich in der Mitte. Die unregelmäßigen Haufen am anderen Ende des Spektrums schlenkern hin und her und sehen in ihrer schwerfälligen Art oft wie Ketten von Galaxien aus. Sie zeigen kaum Neigung, sich zur Mitte hin zu konzentrieren. Zwischen diesen beiden Extremen liegen Haufen, die einige der Kennzeichen von beiden, den regelmäßigen und den unregelmäßigen Haufen, haben. In einigen Fällen ist die starke elliptische Konzentration in der Mitte von einer Korona oder einer Scheibe dünner verteilter Galaxien umgeben.

Die Formen der Haufen erinnern unvermeidlich an die analoge Form der Galaxien selbst: In gewisser Weise ähneln Kugelhaufen kugelförmigen Galaxien, unregelmäßige Haufen ähneln unregelmäßigen Galaxien, und die, die dazwischen liegen, sind in ihrer Mischung der Kennzeichen beider Typen den Spiralgalaxien gar nicht unähnlich. Unsere Verwunderung über diese Parallele wird noch größer, als wir erkennen, daß die jeweils vorherrschende Art von Galaxien in einem Haufen eng verwandt ist mit der Form des Haufens selbst. Die Kugelhaufen enthalten meistens elliptische und SO-Galaxien, während unregelmäßige Haufen von Spiralen beherrscht werden und nur wenige elliptische und SOs enthalten. Und alle Spiralgalaxien eines Kugelhaufens scheinen sich in die äußeren Regionen oder zur Korona des Haufens hin abzusondern – so wie Kugelsternhaufen sich in den Koronen finden, die elliptische Galaxien umgeben. Die Hinweise scheinen zwingend zu sein, daß die Form, die eine Galaxie annimmt, nicht nur von Kräften im Innern der Galaxie bestimmt wird, sondern auch etwas von dem Milieu des Haufens widerspiegelt, zu dem sie gehört.

Auf dieser Stufe der hierarchischen Leiter angelangt, sind wir versucht, einen Schritt weiter zu gehen und zu fragen, ob Galaxienhaufen wieder zu noch größeren Vereinigungen gehören. Unsere Neugierde wird belohnt: Viele der Haufen erweisen sich als Mitglieder von Superhaufen – Haufen von Haufen von Galaxien. Galaxienhaufen nehmen gewöhnlich Volumen ein, die einen Durchmesser von etwa 30 oder 40 Millionen Lichtjahren haben. Die Durchmesser von Superhaufen sind zehnmal so groß, als in der Größenordnung von 300 bis 400 Millionen Lichtjahren. Sogar in diesem Maßstab finden wir Hinweise auf Ordnung und Beständigkeit. Einige der Superhaufen bestehen aus einer zentralen Zone, in der Galaxienhaufen deutlich konzentriert sind und die umgeben ist von einer abgeflachten Scheibe dünner verteilter Haufen – eine Anordnung, die zumindest entfernt an die Struktur von Spiralgalaxien erinnert; und wahrscheinlich rotieren Superhaufen auch.

Wenn wir jetzt zurückschauen auf unsere Heimatgalaxis, können wir sie in ‹supergalaktischem› Zusammenhang sehen. Die Lokale Gruppe ist ein kleiner Galaxienhaufen am Rande des Lokalen Superhaufens. Viele unserer benachbarten kleinen Haufen – die Gruppe um M81, um M101, die Bildhauer-Gruppe – sind auch Mitglieder des Lokalen Superhaufens. Der Superhaufen besteht aus einem konzentrierten Kern, der als Virgohaufen bezeichnet wird, und einer ausgedehnten Korona, zu der die Lokale Gruppe und ihre benachbarten Gruppen gehören.

Einige von uns treffen sich nach dem Abendessen in der Aussichtskuppel. Wir spüren gemeinsam die Struktur des Lokalen Superhaufens auf, der da vor uns liegt, so wie wir vor langer Zeit die Scheibe unserer Heimatgalaxis aufzeichneten. Wir sprechen von dem alten Geheimnis, das den Lebenskreis schließt – daß das Unbegreifliche an der Natur, wie Einstein es sagte, unsere Fähigkeit ist, sie zu begreifen. Wie schnell wir auch reisen und wie weit wir auch kommen, wir können diesem Geheimnis um kein Mikron entfliehen. Wir können seinen Atem fühlen und sein Gesicht berühren, es ist unser Atem, unser Gesicht.

Der Steuermann steht auf und zitiert einen Satz von Carl Friedrich von Weizsäcker, einem Physiker und Wissenschaftsphilosophen, der vor Millionen von Jahren auf der Erde lebte. ‹All unser Nachdenken über die Natur muß sich in Kreisen oder Spiralen bewegen, denn wir können die Natur nur verstehen, wenn wir über sie nachdenken, und wir können nur nachdenken, weil unser Gehirn in Übereinstimmung mit den Naturgesetzen gebaut ist.›

Der Kapitän fährt sich mit einer Hand durch das weiße Haar. ‹Spiralen›, sagt er. ‹Unser Denken erweitert sich, während es kreist. Es bewegt sich in Spiralen.›

GALAXIENHAUFEN

Form und Vielfalt von Haufen und Superhaufen

Ein Galaxienhaufen könnte definiert werden als eine Ansammlung von Galaxien, die durch die Gravitation zusammengehalten werden. Die Umlaufbahn einer jeden Galaxie wird durch die Gravitationsfelder in ihrer Umgebung innerhalb des Haufens bestimmt. In einem locker organisierten Haufen können die Bahnen der Galaxien den lockeren Schleifen gleichen, auf denen sich Sterne in offenen Sternhaufen bewegen, während die galaktischen Umlaufbahnen in den dichteren kugelförmigen Galaxienhaufen eher den engeren Bahnen von Sternen in Kugelsternhaufen ähneln. In der Lokalen Gruppe, einem kleinen, locker zusammengehaltenen Galaxienhaufen, ist die Grundstruktur binär – zwei Galaxien, unsere und der Andromedanebel, enthalten den größten Teil der Masse des Haufens und umlaufen ihren gemeinsamen Schwerpunkt.

Galaxienhaufen werden in einer Vielfalt von Formen gefunden, die an die verschiedenen Formen der Galaxien selbst erinnert. Die sogenannten Kugelhaufen nehmen einen etwa kugelförmigen – elliptisch wäre die genauere Beschreibung – Raumbereich ein, ihre Galaxien häufen sich zum Kern hin und sind am Rande mehr verstreut. Diese Struktur erinnert an Kugelsternhaufen und elliptische Galaxien, obwohl der Unterschied im Maßstab beachtlich ist. Wenn wir einen Kugelsternhaufen durch einen Punkt, wie er auf dieser Seite am Satzende steht, darstellen, hätte eine kugelförmige Galaxie einen Durchmesser von etwa sechs Metern und ein kugelförmiger Galaxienhaufen einen Durchmesser von über einem Kilometer. Unregelmäßige Galaxienhaufen ähneln, wie ihr Name sagt, in ihrer fast chaotischen Form riesigen unregelmäßigen Galaxien. Manche Haufen nehmen eine Mittelstellung ein; in einigen Fällen findet man, daß sie aus einer elliptischen Ansammlung in der Mitte und einer sie umgebenden Korona bestehen, die, wenn sie abgeplattet ist, der Struktur einer Spiralgalaxis ähnelt.

Die Größe von regulären und mittleren Galaxienhaufen ist gewöhnlich einige 10 Millionen Lichtjahre, während unregelmäßige Haufen wie unregelmäßige Galaxien in ihrer Größe sehr verschieden sind; zu ihnen gehören auch viele Zwerge. Die Lokale Gruppe mit einem Durchmesser von wenigen Millionen Lichtjahren kann wohl am besten als ein unregelmäßiger Zwerg-Galaxienhaufen klassifiziert werden.

Die Galaxientypen, die in Haufen aufgefunden werden – und die Mehrzahl aller Galaxien gehört zu Haufen – spiegeln die Struktur des Haufens wider. Kugelförmige und elliptische Haufen mit ihren engen Verwandten, den SO-Galaxien, überwiegen. Unregelmäßige Haufen bestehen zum größten Teil aus Spiralen; nur wenige unregelmäßige Galaxien halten sich dort auf. Die dazwischenliegenden Haufen werden von einer Mischung von Galaxientypen bevölkert.

Die Beziehung zwischen der Art der Haufen und der Natur der Galaxien, die sie bewohnen, spricht deutlich dafür, daß die Haufen zuerst entstanden sind und daß sie ungeheure Materiemassen darstellen, die früh in der Geschichte der Welt verteilt wurden, bevor die Galaxien sich zu bilden begannen oder jedenfalls bevor sie in ihrer Entwicklung sehr weit gekommen waren. Da scheint eine starke Erbkomponente vorzuliegen – und damit meine ich solche Parameter, die bestimmen, mit wieviel Masse eine Protogalaxie begann und welche Temperatur und Dichte diese Masse hatte, und die mitbestimmte, ob eine Galaxie am Ende elliptisch oder spiralig oder von ganz anderer Art sein würde. Dieser Erbeinfluß sollte zurückzuführen sein auf Bedingungen, die in dem Haufen vorherrschten, in dem sie entstanden sind.

Dennoch gibt es aber auch Hinweise auf einen starken Umwelteinfluß. Die Erfahrungen, die eine Galaxie im Lauf von Milliarden Jahren machen muß, sind sicher sehr verschieden, je nachdem, zu welcher Art von Haufen sie gehört. Eine Galaxie in einem lockeren, unregelmäßigen Haufen läuft auf einer bequemen Bahn, die sie nur gelegentlich in die Nähe einer anderen Hauptgalaxie und damit in die Gefahr eines Zusammenstosses bringt. Eine Galaxie in einem Kugelhaufen hat eine ganz andere Umwelt, wenn ihre Umlaufbahn sie mitten in den dicht bevölkerten Haufenkern hineintauchen läßt. Dort wird sie von der Gravitation vorbeikommender Galaxien gerupft, und alle paar Milliarden Jahre wird ihr ein Zusammenstoß passieren. Eine Galaxie, die direkt durch das Zentrum eines Kugelhaufens läuft, wird womöglich unter dem Zug der Gravitation der Tausende von Galaxien um sie herum in Stücke gerissen.

Abbildung 11. Nahe Galaxiegruppen
Die meisten Galaxien gehören zu Gruppen. Hier sind einige der Galaxiengruppen verzeichnet, die wir in unserem Teil des Kosmos identifizieren konnten. Die Ebene der Karte ist die ‹Supergalaktische Ebene› des Lokalen Superhaufens. Die Galaxiengruppen sind der Einfachheit halber als kugelförmige Volumen abgebildet, obwohl sie gewöhnlich unregelmäßige Formen aufweisen. Die Zahlen innerhalb jeder Kugel geben den Abstand der Haufen von der supergalaktischen Ebene an (darunter: negative Werte, darüber: positive Werte). Die konzentrischen Kreise bezeichnen Abstände von Punkten auf der Ebene von der Mitte der Lokalen Gruppe. Alle diese Entfernungsangaben sollten als Näherungen verstanden werden.

Abbildung 11

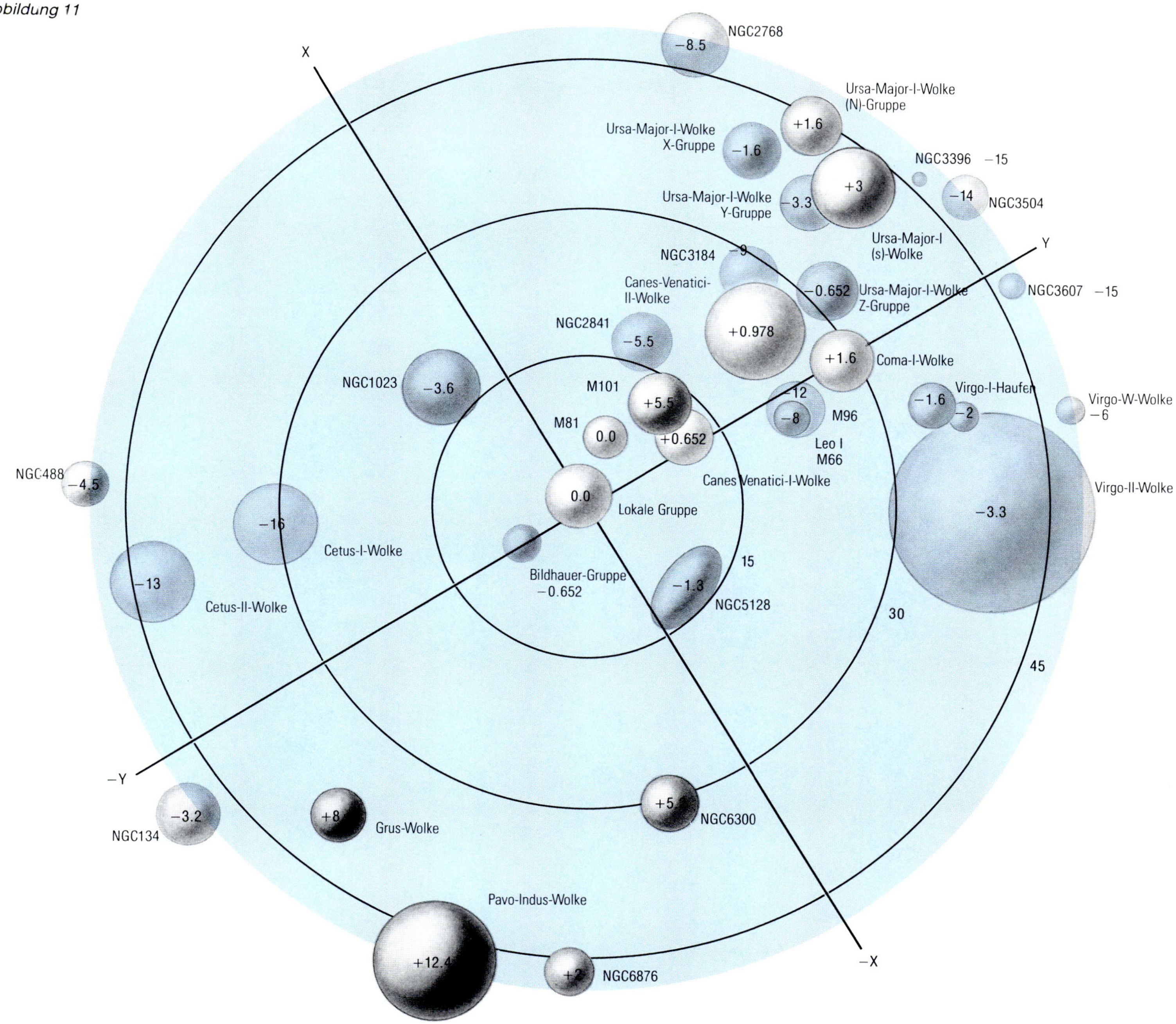

Überriesige Galaxien finden sich im Zentrum vieler kugelförmiger Haufen, und es könnte gut sein, daß sie diesen Überfluß ihrem Kannibalentum verdanken, mit dem sie alle Galaxien, die sich in das Zentrum verirrten, zu ihren Opfern machten. Diese überriesigen Kerngalaxien vereinen gewöhnlich die Kennzeichen der verschiedenen Galaxienformen, die sie verzehrten – sie zeigen zum Beispiel die Form der elliptischen Galaxien mit dem Reichtum an interstellaren Wolken, der die Spiralen kennzeichnet. Oft zeigt sich, daß sie mehrere Kerne haben, und das verrät vielleicht genauso, daß sie in ihrer Geschichte auf Beute aus waren, wie es die Fangarme des Tintenfisches tun, die man im Magen der Wale findet.

Viele Galaxienhaufen gehören wiederum zu Superhaufen, und die Superhaufen zeigen Anzeichen einer Ordnung und Vielfalt, die der der Haufen und Galaxien vergleichbar ist. Die Tatsache, daß man Superhaufen unterscheiden kann und daß sie von den vertrauten physikalischen Gesetzen geprägt sind, gibt uns Grund zu der Hoffnung, daß wir eines Tages mit ausreichender Genauigkeit rekonstruieren können, wie sie gebildet wurden, um dann ihre Zukunft vorhersagen zu können. Diese Aussicht mag in den Augen mancher eine verlockende Perspektive sein. Es könnte uns dann zum Beispiel möglich sein, das dynamische Verhalten von Superhaufen im Hinblick auf die Ausdehnung des Universums richtig vorauszusehen.

‹Ausdehnung› ist ein Ausdruck dafür, daß die Galaxienhaufen sich mit einer Geschwindigkeit, die ihren Abständen proportional ist, voneinander wegbewegen. Die Haufen selbst, durch die Gravitation zusammengehalten, dehnen sich nicht aus. Die Ausdehnung des Weltalls findet vielmehr zwischen den Haufen statt. Die Haufen streben auseinander wie Bienenschwärme.

Und wie steht es mit den Superhaufen? In Bereichen von mehr als 300 Millionen Lichtjahren, die etwa dem durchschnittlichen Durchmesser eines Superhaufens entsprechen, bekommt die Ausdehnung des Universums Vorrang vor der örtlichen Gravitationsanziehung. So scheint es, daß die durch die Gravitation bewirkte Interaktion der Superhaufen schreckliche Verzerrungen und Veränderungen in der Struktur der Superhaufen erzeugen muß, wenn das sich blähende Weltall sie auseinanderzieht.

Wenn wir das Verhalten von, sagen wir, dem Lokalen Superhaufen über einen Zeitraum von Milliarden Jahren zurückverfolgen könnten, würde dann seine Bewegung mehr der geordneten Bewegung einer Spiralgalaxie ähneln oder dem leichten Hin- und Herschwanken von Schilf in einer Dünung? Oder könnte sein Verhalten, wie es so oft in der Physik der Fall ist, Eigenschaften aufweisen, an die wir nicht gedacht haben, und eher dazu beitragen, neue menschliche Sprachbilder zu erzeugen, als sich durch die alten beschreiben zu lassen?

Die Virgo- und Comahaufen

137

Der Virgohaufen (rechts) liegt im Zentrum oder in der Nähe des Zentrums des Lokalen Superhaufens, während sich unsere Lokale Gruppe mehr am Rande des Superhaufens befindet, etwa 70 Millionen Lichtjahre nach außen in einer Richtung, die etwa senkrecht auf der Ebene unserer Galaxis steht. Die Photographie zeigt nur einen Teil des Haufens, der sich über einen Bereich von etwa 20 Millionen Lichtjahren erstreckt und mindestens 250 große Galaxien und vielleicht 1000 oder mehr kleinere beheimatet. Seine vielen Spiralgalaxien sind mit den wenigen elliptischen zusammen kennzeichnend für unregelmäßige Haufen wie Virgo.

Im Gegensatz zum Virgohaufen, der mit seinen vielen Spiralgalaxien ziemlich locker verteilt ist, ist der Comahaufen (links) im wesentlichen aus elliptischen Galaxien und den staubfreien SO-Galaxien zusammengesetzt, die sich im Haufenkern recht ins Gehege kommen. Das ist das Kennzeichen ‹kugeliger› Galaxienhaufen. Mehr als 1000 große Galaxien und vielleicht 10 000 Zwerge finden sich hier und eilen aneinander in einem durchschnittlichen Abstand von einer Million Lichtjahren vorbei – also in einer Dichte, die diejenige der Lokalen Gruppe weit übersteigt.

138

Die zwei Riesengalaxien in der Photographie sind ein Zweierpaar. Jede wird ihrerseits von einer Vielzahl weniger massereicher Galaxien umkreist. Eine Doppelstruktur dieser Art finden wir in vielen Galaxienhaufen, und es gibt Anzeichen dafür, daß der Comahaufen Teil eines ausgedehnten, kettenartigen Superhaufens ist, der selbst wieder zu einem Zweiersystem gehören könnte; sein Parter, der Haufen A1367, ist 250 Millionen Lichtjahre entfernt.

137 Etwas weniger als 500 Millionen Lichtjahre entfernt liegt der Coma-Galaxienhaufen, der etwa 1300 Hauptgalaxien beherbergt und selbst anscheinend zu einem Superhaufen gehört, dessen galaktische Bevölkerung auf über 2500 geschätzt wird.

138 Der Virgo-Galaxienhaufen, 70 Millionen Lichtjahre entfernt, ist der Kern eines Superhaufens, der unsere Lokale Gruppe und viele andere Galaxienhaufen enthält.

139

139 Den Perseus-Galaxienhaufen sehen wir in 350 Millionen Lichtjahren Entfernung durch ein dichtes Vordergrundgewimmel von Sternen unserer eigenen Galaxis.

140 Diese Photographie des Herkuleshaufens ist hier im Negativ wiedergegeben, damit die vielen schwächeren Galaxien sichtbar werden. Die scharf umrissenen Punkte und die mit einem optisch erzeugten Kreuz sind Sterne. Praktisch alle anderen Objekte sind Galaxien.

Herkules- und Perseushaufen

Dem unregelmäßig geformten Herkuleshaufen fehlt die Anhäufung von Galaxien in der Mitte, wie wir sie in Kugelhaufen wie Coma vorfinden. Aber er hat eine deutlich erkennbare Struktur, die dem eines mäandernden Flusses gleicht. In 700 Millionen Lichtjahren Entfernung ist er einer von vier Haufen, die zum Herkules-Superhaufen gehören, einem Verband, der sich über eine Distanz von 50 Millionen Lichtjahren erstreckt.

Viele reiche Galaxienhaufen erzeugen beträchtliche Energiemengen im Radio- und Röntgenstrahlenbereich. Ein Teil dieser Energie stammt natürlich von ihren Galaxien; elliptische Galaxien sind die stärksten Röntgen- und Radioquellen; Kugelhaufen, in denen elliptische Galaxien überwiegen, zeigen sich oft besonders in Röntgen- oder Radioteleskopen. Aber einige reiche Haufen strahlen auch aus den Bereichen zwischen den Galaxien Röntgenenergie aus. Man nimmt an, daß ihre Quelle heiße Gaswolken sind, die elliptische Galaxien ausgestoßen haben oder die von Spiralgalaxien, die durch die Zentralbereiche der Haufen hindurchzogen, abgestreift wurden. Der größte Teil der Radiostrahlung kommt nämlich aus den Zentralgebieten.

Im Perseushaufen (links) erzeugt eine einzige Galaxie, NGC1275, etwa ein Fünftel der gesamten Röntgenstrahlung. Ein großer Teil der Röntgenstrahlung kommt aus einem Gebiet, das mit einem Durchmesser von 3 Millionen Lichtjahren annähernd so groß ist wie der Haufen selbst. Weitere Hinweise dafür, daß intergalaktische Wolken für die Radiostrahlung verantwortlich sind, ergeben sich, wenn Radioteleskope auf den Perseushaufen eingestellt werden. Sie lassen uns das ‹Kielwasser› erkennen, das hinter mehreren der Galaxien in diesem Haufen herzieht, als ob die Galaxien sich durch das intergalaktische Gas hindurch ihren Weg genauso bahnen müßten wie ein Schiff durch Wasser.

VI
Galaxien und das Weltall

Es gibt keinen Traum, der allen gefällt . . .
Ben Johnson

Eine Reise ans Ende des Weltalls

Unsere Reise geht jetzt zu Ende. Auf dem Planeten, auf dem wir geboren wurden, sind Millionen von Jahren vergangen, an Bord Jahrzehnte. Galaxienhaufen passieren uns und werden genauso im Logbuch verzeichnet, wie wir ganz früher Sterne und dann Galaxien verzeichneten. Die Zeit ist gekommen, das Raumschiff zu wenden und abzubremsen, um auf einem Planeten landen zu können. Wir schulden das den jüngeren Generationen, die nie die Erde gesehen haben und nur dieses Leben unaufhörlichen Erforschens kennengelernt haben. Aber für uns Ältere ist das der Anfang vom Ende. Das Abbremsen wird lange dauern, und wir können nicht darauf hoffen, den Tag noch zu erleben, an dem unsere Mannschaft unter planetarischem Himmel den Boden eines Planeten betreten wird.

An dem Tag, an dem der Befehl zum Abbremsen gegeben wird, treffen wir wenigen Überlebenden der ursprünglichen Mannschaft zu einem letzten Blick auf das Weltall in der Beobachtungskuppel zusammen, während unser Schiff noch mit Spitzengeschwindigkeit fährt. Wenige nur besuchen überhaupt die Kuppel – für den, der nichts anderes kennengelernt hat, ist es gar nichts Besonderes, zwischen Galaxien umherzuschwimmen –, aber für unsere alten Augen bleibt der Anblick ehrfurchterregend und immer noch etwas erschreckend. Weil ja die Zeitdilatation bewirkt hat, daß die Spiralgalaxien vor uns sich einige Millionen Male schneller bewegen, glitzern sie im Glanz von Millionen neugebildeter Sterne, und noch glänzendere Supernovae leuchten und sprühen zu Hunderten.

Mit Mühe erhebt sich der Kapitän und hebt sein Glas: ‹Auf das unerreichbare Ziel›, ruft er und zeigt dabei auf die Kuppel und die lange Reihe der Galaxien. ‹Auf den Rand des Weltalls.›

‹Hört, hört›, antworten wir. Wie oft haben wir schon vom Rand der Welt geredet, ihn mit unseren Teleskopen anvisiert, den selben Trinkspruch ausgebracht. Dieser geheimnisvolle Begriff ist uns mittlerweile so geläufig wie unsere eigenen Namen.

Wenn wir in den Raum sehen, schauen wir auch zurück in die Zeit. In Entfernungen von bis zu wenigen Milliarden Lichtjahren sehen wir Galaxien in dem Zustand, wie sie noch vor kurzem in der kosmischen Geschichte waren; sie sind gar nicht sehr verschieden von den näheren. In Entfernungen von fünf bis zehn Milliarden Lichtjahren sehen wir jüngere Galaxien, deren Licht sich auf den Weg machte, als das Weltall nur halb so alt war wie heute. In Entfernungen von ungefähr 15 Milliarden Lichtjahren sehen wir die glänzenden Leuchttürme sich bildender Galaxien. Sie schütten riesige Mengen Energie aus. Im Vergleich dazu ist die Geburt von Sternen in unserem Kosmos heute nur ein blasser Abklatsch, wie ein Feuerwerk zum Jahrestag einer Revolution im Vergleich zur Revolution selbst. In solchen Entfernungen sehen wir die Bewohner eines jungen Kosmos – voller Licht und Lärm.

Der Kapitän überträgt auch auf die kosmische Zeit die Vorliebe der Alten, die Geschichte zu verherrlichen. Manchmal erzählt er von Ereignissen vor fünfzehn Milliarden Jahren, als ob er damals gelebt und sie nicht nur stellvertretend im Teleskop beobachtet hätte. ‹Damals waren Galaxien noch Galaxien›, sagt er gern. ‹Der Saft von zehntausend Sternen in einem Jahr ausgepreßt. Mit jedem Ticken einer Uhr explodierte ein Stern. Energie im Überfluß – es versengte dir das Haar, wenn du nur vor die Tür gingst – und die Galaxien waren so eng beieinander, daß kaum Raum war, an ihnen vorbeizukommen. Ein Pilot damals mußte auf der Hut sein.›

Wenn wir mit unseren Teleskopen nach Galaxien suchen, die weiter als etwa fünfzehn Milliarden Lichtjahre entfernt sind, sehen wir nichts. In dieser Entfernung sehen wir in eine Zeit zurück, in der der Urstoff des Weltalls sich noch nicht genügend abgekühlt hatte, um zu Sternen und Galaxien erstarren zu können. Das meinen wir, wenn wir vom Rand des Weltalls sprechen – eine zeitliche Schwelle, die einen Punkt in der Ge-

schichte des Kosmos kennzeichnet, vor dem Dunkelheit war. Es ist nicht ein Rand des Raumes, sondern der Zeit, und um dahin zu kommen, brauchten wir kein Raumschiff, sondern ein Zeitschiff, das in die Vergangenheit reisen könnte.

‹Auf das unerreichbare Ziel.› Der Steuermann wiederholt den Trinkspruch. ‹Schneller als die Galaxien›.

Dies ist die übliche Entgegnung; sie weist auf die Ausdehnung des Weltalls hin. Je weiter entfernt eine von uns beobachtete Galaxie ist, desto schneller entfernt sie sich von uns (oder entfernen wir uns von ihr – wie man will), da sie Teil hat an der Ausdehnung des Weltalls. In allen Richtungen sehen wir Galaxien an der Schwelle des Universums von uns wegeilen. Züge, die auf Schienen der Vergangenheit laufen, und ihre Lichter sind die Zeichen einer unerreichbaren Vergangenheit.

Der Kapitän befiehlt die Umkehr des Schiffes.

‹Schneller als Galaxien›, wiederholt der Steuermann. ‹So schnell wie das Licht.› Eine geistreiche mathematische Einsicht, die sich aus der speziellen Relativitätstheorie herleiten läßt, schreibt vor, daß die Treibstoffrechnung für die Beschleunigung eines jeden Materienteilchens auf Lichtgeschwindigkeit unendlich hoch sein müßte und die Umwandlung von allem, auch von sich selbst, in Energie bedeuten würde.

‹Vielleicht hat die Jugend recht mit ihrem Wunsch, anzuhalten›, meint der Kapitän. ‹ Sie rechnen sich wohl aus, daß wir, wenn wir immer weiter führen, schließlich das ganze Weltall abbrennen würden, um es zu durchqueren. Sie denken wohl, wir würden die Kessel mit Tischen und Stühlen heizen, wenn wir keine Sterne mehr am Himmel scheinen haben.›

‹Keine Sorge, Kapitän›, sagt der Steuermann. ‹Es wird immer Raumfahrer geben.›

‹Es hat immer welche gegeben› , antwortet der Kapitän. ‹Wir waren Raumfahrer, bevor wir die Erde verlassen haben. Seht ihr die Galaxie dort?›Er streckt seinen gicht-steifen Finger aus. ‹Wenn jene dort die Milchstraße betrachten, sehen sie sie nicht mit zehn Prozent der Lichtgeschwindigkeit davoneilen? Und jene Millionen von Galaxien nahe am Rand, sehen sie unsere Galaxis sich nicht fast so schnell bewegen wie das Licht, gerade so, wie wir sie sehen? Hängen wir nicht gerade noch am Rand des Universums, von ihnen aus gesehen? Ist nicht unser Teil des Weltalls jung und blendend hell? So sagt doch das alte Licht, das uns hier vor so langer Zeit verließ und sie jetzt erst erreicht.›

‹Wir sind alle Raumfahrer, meine Herren. Wir, sie, alle.›

Die Galaxien drehen sich am Himmel, als das Schiff sich genau um einhundertundachtzig Grad dreht.

‹Wir wollen ein Lichtsignal geben›, sagt der Kapitän. Er holt eine Petroleum-Lampe hervor, eine hochgeschätzte alte Kostbarkeit. Er zündet den Docht an, setzt das Glas wieder darüber und hält die Messinglampe vor die Fenster der Kuppel. Ihre gelbe Flamme vermischt sich mit dem Licht der Galaxien.

‹Im nächsten Moment gehört diese Flamme unserer Vergangenheit an› , sagt er. ‹Aber sie gehört zu ihrer Zukunft. Vielleicht richtet eines Tages ein Astronom sein Teleskop, das er zur rechten Zeit auf diesen Punkt eingestellt hat, gerade auf dieses Flackern unserer kleinen Laterne. Nur ein paar Millionen Kilometer Licht, das in sein Teleskop fällt und in wenigen Sekunden erloschen ist.›

Der Kapitän bläst die Lampe aus, setzt sie auf den Boden, nimmt das Mikrophon und gibt Anweisung, die Maschinen zu starten.

‹Es ist gar nicht so schlimm, alt zu sein, meine Herren›, sagt er. ‹Für den größten Teil des Universums gehören wir zur Zukunft.›

GALAXIEN UND DAS WELTALL

Geometrien von Raum und Zeit

Albert Einstein machte einmal in einem seltenen Anflug von Ungeduld über jene, die sich beklagten, die Relativitätstheorie verletze den gesunden Menschenverstand, die Bemerkung, daß der ‹gesunde Menschenverstand› für jeden von uns das ist, was wir gelernt haben, bevor wir sechzehn waren. Wenn wir ein besseres Verständnis für den Kosmos bekommen wollen, tun wir gut daran, die Vorurteile unseres gesunden Menschenverstandes beiseite zu legen und uns die Regeln, die zum interstellaren Bereich passen, zu eigen zu machen.

Vorurteile, die aus der Kinderzeit der Spezies Mensch stammen, sind tief verwurzelt. Die längste Zeit unserer Geschichte haben wir Menschen die Erde als den ruhenden Mittelpunkt des Weltalls angesehen. Die Erde ruht nicht, sondern dreht sich um die Sonne, die Sonne umläuft die Mitte der Milchstrasse, die Milchstraße dreht sich um den Gavitationsmittelpunkt der Lokalen Gruppe, die Lokale Gruppe läuft auf ihrer Bahn im Lokalen Superhaufen, und der Superhaufen bewegt sich gleichfalls, weil er teilhat an der Ausdehnung des Universums. Und wir sind auch nicht die Mitte des Weltalls. Keiner ist das.

Der Kosmos ist voller Bewegung und Veränderung. Wenn wir unter solchen Bedingungen ein Bezugssystem festlegen wollen, sollten wir nicht nur darauf achten, *wo* etwas ist, sondern auch, *wann* es ist. Die Lage des Felsens von Gibraltar etwa kann hinreichend beschrieben werden, wenn wir unser Bezugssystem auf die Oberfläche der Erde legen, indem wir nur die drei räumlichen Dimensionen angeben: Wir sagen einfach, daß er am Ausgang des Mittelmeers liegt, bei ungefähr sechsunddreißig Grad Nord und fünf Grad West. Aber diese Angaben genügen nicht, wenn wir die Sache von außen betrachten. Wenn wir Nachbarsterne als unsere Bezugspunkte wählen, wird der Felsen von Gibraltar von der Rotations- und der Bahngeschwindigkeit der Erde schnell hinweggedreht. Wenn wir weiter zurücktreten und ihn aus intergalaktischer Perspektive betrachten, müssen wir die galaktozentrische Geschwindigkeit der Erde dazu addieren und so weiter.

Wenn wir die Lage des Felsens von Gibraltar in einer größeren Sicht als nur vom heimatlichen Kirchturm aus festlegen, müssen wir seine Lage nicht nur in den drei Raumkoordinaten, sondern auch in der vierten Dimension der Zeit festlegen. Die Relativitätstheorie mag als Versuch und sogar als ein sehr erfolgreicher Versuch angesehen werden, diese Aussage in die Grundlagen der Physik einzubauen. Sie erreicht das, indem sie Ereignisse in einem Zusammenhang von ‹wo und wann› betrachtet, den sie das Raum-Zeit-Kontinuum nennt.

Vierdimensionale Geometrie kann für Geschöpfe, die so wie wir sehr vom Gesichtssinn her bestimmt sind, begriffliche Probleme mit sich bringen, weil wir es schwierig, wenn nicht unmöglich finden, uns vierdimensional Strukturen – eine 4-D-Kugel oder einen 4-D-Würfel etwa – vorzustellen. Ein 4-D-Geometer muß ohne die Hilfe seines ‹geistigen Auges› arbeiten, wie ein Parfumhersteller, der sich einen Duft vorstellt, den er schaffen will, oder wie Beethoven, der Musik aus den Räumen seiner Taubheit heraus komponierte. Abgesehen von diesen Schwierigkeiten hat die Auffassung, daß die Welt ein vierdimensionales Raum-Zeit-Kontinuum sei, in der Kosmologie sehr ermutigende Fortschritte ermöglicht. Die Kosmologie sucht die Struktur des Weltalls als Ganzes zu erkennen.

Um zu erfassen, wie das Hinzufügen einer vierten Dimension unsere Auffassung des Kosmos vertiefen und verfeinern kann, wollen wir untersuchen, wie kosmologische Probleme, die sich bei weniger Dimensionen ergeben, mit Hilfe einer zusätzlichen Dimension gelöst werden können. Wir betrachten insbesondere die Frage, ob das Universum endlich oder unendlich ist. Wie kann dieses Dilemma von Wesen gelöst werden, die auf ein- oder zweidimensionale Bezugssysteme beschränkt sind?

Stellen wir uns eine eindimensionale Welt vor. Ihre Bewohner sind als Strichländer bekannt. Ich habe diesen Namen wie den der Flachländer, denen wir gleich begegnen werden, dem reizenden Buch *Flachland* von Edwin Abbott entliehen. Die Handlungen und Wahrnehmungen der Strichländer sind alle auf nur zwei Richtungen beschränkt, nämlich vorwärts und rückwärts. Jeder verbringt sein Leben in einer immerwährenden Reihe, genau hinter einem Strichländer und genau vor einem anderen. In murmelnden Worten, die immer hin und her durch die Reihe weitergegeben werden, diskutieren die Strichländer, ob ihr Kosmos endlich oder unendlich weit ausgedehnt sei. Sie wissen sehr wohl, daß die *bewohnte* Welt begrenzt ist. Es gibt einen Strichländer, der vorn in der Reihe steht, und einen, der am Ende der Reihe steht. Aber der Strich erstreckt sich weiter in die Ferne. Hört er je auf?

Manche strichländische Kosmologen behaupten, er höre nicht auf und der Strich sei unendlich. Ihr Lieblingsargument ist ein Beweis durch Widerspruch. Wenn der Strich endlich wäre, so geben sie zu bedenken, was wäre dann an seinem Ende? Wie kann der Kosmos ein Ende haben? Der Begriff kann nicht gedacht werden, deshalb muß der Strich – der Kosmos – unendlich sein.

Aber die Strichländer, denen die Auffassung von einem endlichen Kosmos lieber ist, können auf ähnliche Absurditäten bei dem Modell vom unendlichen Kosmos hinweisen. Eines ihrer beliebtesten Argumente ist dies: Wenn der Strich unendlich lang wäre, wo wäre dann seine Mitte? Nun, offenbar nirgends. Oder überall. Es gibt wirklich keine Art, einen Bezugspunkt auf einem unendlichen Strich festzulegen, der allgemeiner Zustimmung sicher sein kann. Aber hier stehen wir auf einem wohlbestimmten Punkt, und da ist ein anderer Punkt auf dem Strich, einen Schritt entfernt. Muß nicht, damit das sein kann, der Strich endlich sein? Ein alter strichländerischer Kosmologe weist gern die Kosmologien vom unendlichen Universum zurück, indem er auf dem Strich mit Kreide ein Zeichen macht und wiederholt, womit Samuel Johnson Berkeley widerlegte: ‹Ich widerlege es so!›

Dies ist das Dilemma: sich zwischen einem endlichen und einem unendlichen Universum entscheiden zu müssen. Es war schon ein altes Problem, als Lukrez im ersten Jahrhundert n. Chr. darüber schrieb. Und es scheint ein echtes Dilemma zu sein, unlösbar im Bereich der Dimension, die dem intuitiven Verständnis der Strichländer zugänglich ist.

Aber das Dilemma zwischen endlich und unendlich kann

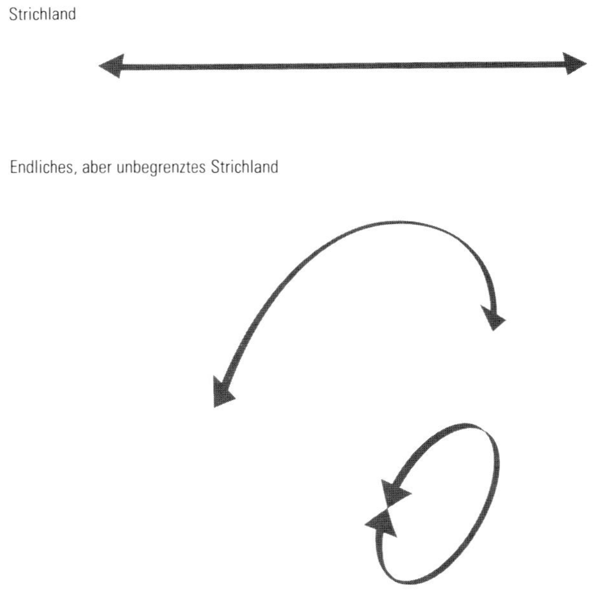

Abbildung 12. Ein endliches, aber unbegrenztes Strichland
Die Einwohner von Strichland, deren Bewegungs- und Wahrnehmungsfähigkeit auf die beiden Richtungen vor und zurück beschränkt ist, erwägen, ob ihr Kosmos endlich oder unendlich ist. Ein unendlich langer Strich scheint undenkbar zu sein, aber die Frage, wie der Strich, falls er endlich ist, aufhört, ist nicht weniger quälend. Durch die Einführung einer zweiten Dimension – hinauf und hinunter – kann ein Strichland-Kosmos erschaffen werden, der keine Grenze und keine Kante hat, obwohl er endliche Ausdehnung hat. Das Dilemma zwischen endlich und unendlich ist überwunden.

überwunden werden, wenn wir eine weitere Dimension zulassen und es dem Weltall der Strichländer erlauben, sich zu krümmen.

Biegen wir den Strich einmal zum Kreis. Das Ergebnis ist die fast wunderbare Schöpfung eines endlichen, aber unbegrenzten Universums. Der Strich hat eine endliche Länge, aber kein Ende (Abbildung 12). Eine Truppe von Strichlandentdeckern kann in jede Richtung – sie haben ja nur zwei verschiedene – ausgeschickt werden und so weit reisen, wie sie nur will, ohne je an den Rand ihres Universums zu kommen. Wenn sie weit genug reisen, werden die Entdecker sich dort wiederfinden, wo sie anfingen. Ihr Forschungsbericht lautet dann so: Das Universum ist endlich, aber unbegrenzt. Es hat keinen Rand, und was wir Mitte nennen wollen, ist beliebig. Die Debatte ist abgeschlossen, und die Kosmologen können ihre Aufmerksamkeit tieferen Fragen widmen.

Eine ähnliche Verwandlung kann am Kosmos zweidimensionaler Wesen (den Flachländern Abbotts) vorgenommen werden; ihnen wird damit der Zugang zur dreidimensionalen Kosmologie eröffnet. Die Flachländer leben in einer Welt, in der es rechts, links, vorne und hinten gibt. Solange sie ihr Denken auf diese beiden Dimensionen beschränken, sehen sie sich einem ähnlichen kosmologischen Dilemma gegenüber wie die Strichländer – entweder ist die Ebene unendlich ausgedehnt oder, gleichermaßen undenkbar, sie kommt irgendwo zu einem Ende. Das Dilemma kann vermieden werden durch die Einführung einer zusätzlichen Dimension. Denken wir uns die von den Flachländern bewohnte Ebene zu der Form einer Kugel in drei Dimensionen gebogen – und siehe da! Auch den Flachländern wird so ein endliches, aber unbegrenztes Universum zuteil (Abbildung 13).

Die Flachländer, deren Wahrnehmungsvermögen sich auf zwei Dimensionen beschränkt, können nicht unmittelbar merken, daß sie die Oberfläche einer Kugel bewohnen. Aber sie können die Form ihres kugelförmigen Kosmos experimentell erforschen. Wenn sie eine Expedition von Entdeckern ausrüsten, um ihren Globus zu umsegeln, dann beweist das Gelingen überzeugend, daß der Kosmos der Flachländer kugelförmig ist. Ein verfeinertes Experiment können die flachländischen Geometer sogar zu Hause machen: Sie können ein Dreieck abstecken und die Winkelsumme bestimmen. Durch die Krümmung der Kugel vergrößert, werden die Winkel zusammen mehr als die 180 Grad eines flachen Dreiecks ergeben. So können Flachländer-Kosmologen die Kugelform ihres Kosmos mathematisch und verstandesmäßig herleiten, obwohl sie sie intuitiv weder erfassen noch sich vorstellen können.

Wir, die wir glauben, in einer dreidimensionalen Welt zu leben, können ähnliche Kunststücke vollbringen, wenn wir unserem Begriff vom Kosmos eine vierte Dimension hinzufügen. In

Abbildung 13. Ein endliches, aber unbegrenztes Flachland
Wie für eindimensionale Geschöpfe beseitigt die Einführung einer weiteren Dimension auch für zweidimensionale Geschöpfe das Dilemma des endlichen oder unendlichen Kosmos. Hier wird eine zweidimensionale Form, eine Ebene, zu der dreidimensionalen Gestalt einer Kugel geformt, und dabei ergibt sich wieder ein endliches, aber unbegrenztes Universum.

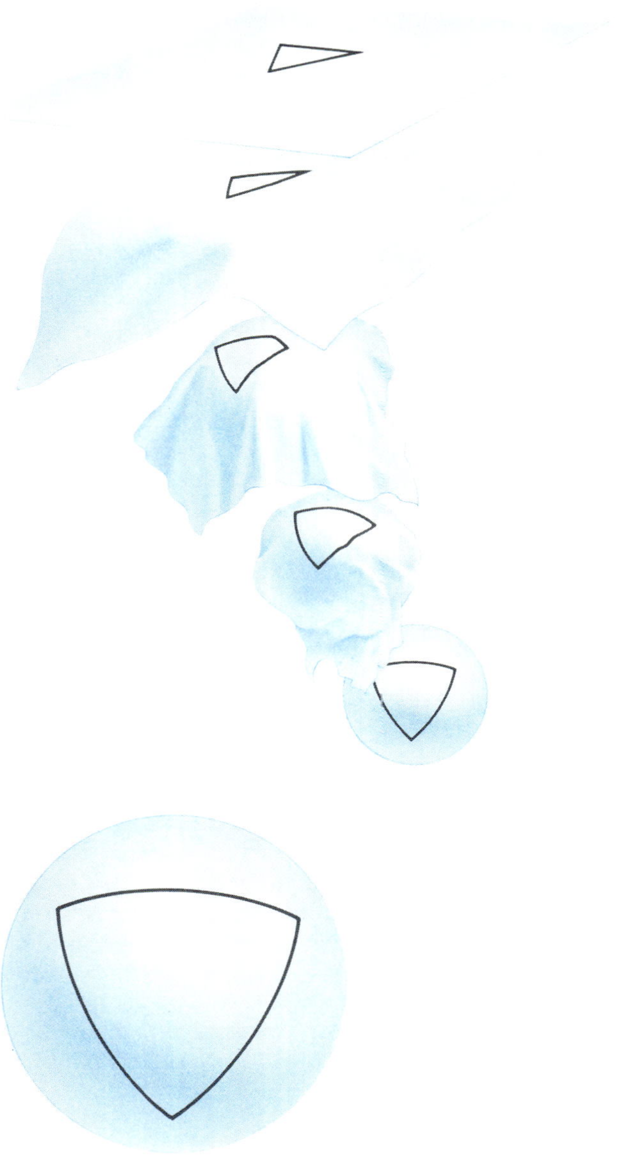

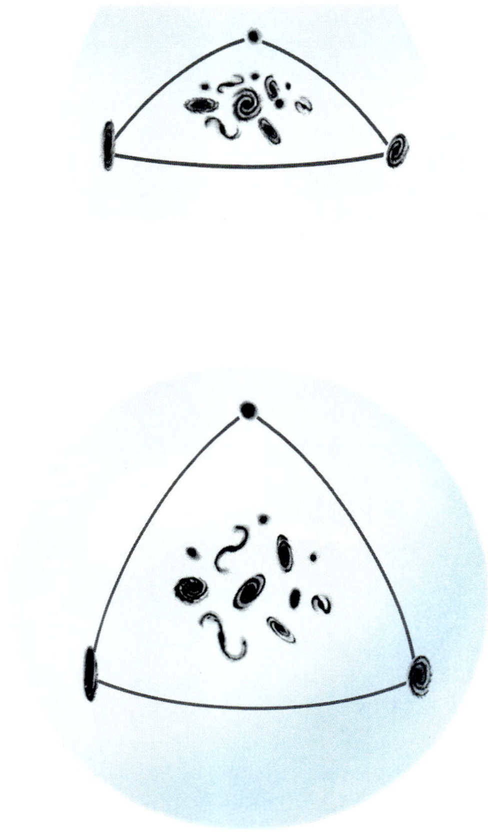

Abbildung 14. Raum-Zeit-Geometrie, die mit Hilfe von Lichtstrahlen dargestellt wird
Linien, die gekrümmt erscheinen, wenn sie im Rahmen einer vorgegebenen Dimension gesehen werden, können sich als gerade herausstellen, wenn sie in einer Geometrie betrachtet werden, die eine weitere Dimension enthält. In dem zweidimensionalen Universum, das oben skizziert ist, hat eine dichte Konzentration von Galaxien die Lichtstrahlen beeinflußt, die zwischen den Galaxien A, B und C laufen, so daß sie zweidimensionalen Beobachtern gekrümmt erscheinen. Wenn aber eine drittte Dimension hinzukommt und die Oberfläche der Abbildung zu einer Kugel geformt wird (unten), dann verbinden dieselben Lichtstrahlen die drei Galaxien auf dem kürzesten Wege. In der Relativitätstheorie laufen Lichtstrahlen, die uns als dreidimensionalen Beobachtern gekrümmt erscheinen, tatsächlich auf der Oberfläche des vierdimensionalen Raum-Zeit-Kontinuums auf der kürzesten Bahn.

vierdimensionalen Geometrien können wir viele Modelle unseres Kosmos konstruieren, die endlich sind, insofern sie aus endlich vielen Galaxien bestehen, die ein endlicher Raum trennt, und unbegrenzt, weil man in jede Richtung beliebig weit reisen kann, ohne an einen Rand zu stoßen. Man kann sich viele vierdimensionale Formen des Kosmos ausdenken; der Einfachheit halber wollen wir bei einem kugelförmigen Modell bleiben und untersuchen, was einige der Kennzeichen eines vierdimensionalen kugelförmigen Universums sein könnten.

Um die Geometrie eines vierdimensionalen Universums aufzuspüren, benutzen wir Lichtstrahlen von Sternen. Das scheint vernünftig, weil wir uns keine geradere Linie denken können als einen Lichtstrahl, und es hat den historischen Vorzug, eine Lieblingsmethode der Landvermesser zu sein; schon die alten Ägypter trugen zur Erfindung der Geometrie bei, indem sie Sehlinien zur Abmessung der Grenzen von Feldern in den überfluteten Ebenen des Nils benutzten. Wie Flachländer, die ein Dreieck auf die Oberfläche ihres kugelförmigen Kosmos zeichnen, können wir die vierdimensionale Struktur unseres Universums untersuchen, wenn wir Lichtstrahlen über große Entfernungen hin betrachten.

Tun wir das, so finden wir, daß die Lichtstrahlen nicht vollkommen gerade sind. Sie sind gebogen, und der Grad ihrer Krümmung hängt unmittelbar damit zusammen, wie nah sie der Materie sind. Ein Lichtstrahl, der nahe an einem Stern vorbeiläuft, wird zum Stern hin abgelenkt und läuft am Ende auf einer anderen Bahn. Solch eine Krümmung des Raum-Zeit-Kontinuums hat die allgemeine Relativitätstheorie vorhergesagt, und zufällig hat die Beobachtung der Ablenkung des Sternenlichts in Sonnennähe die ersten experimentellen Beweise der Theorie geliefert.

Nachdem wir jetzt wissen, daß Lichtstrahlen im Weltall gekrümmt sind, können wir sagen, daß der Raum selbst gekrümmt ist. Dies ist keine unvernünftige Aussage, aber darauf zu bestehen, heißt auf der Kirchturmpolitik unserer dreidimensionalen Vorurteile bestehen zu wollen. Um das einzusehen, besuchen wir wieder die Flachländer.

Die Flachländer, die auf der Oberfläche ihrer kugelförmigen Welt ein Dreieck aufgezeichnet haben, könnten sehr wohl die Seiten dieses Dreiecks gekrümmt nennen, aber wir, die wir das Wesen einer Kugel erfassen können, sehen, daß sie tatsächlich Geodätische sind, also die kürzesten Entfernungen zwischen den Punkten, die sie verbinden. Flugreisende kennen das sehr gut. Die Luftlinie für eine Rundreise von, sagen wir einmal, Los Angeles über Tokio nach Auckland und zurück nach Los Angeles, die auf dem Globus wie die kürzeste Verbindung erscheint, sieht recht gekrümmt aus, wenn sie auf eine ebene Karte aufgezeichnet wird.

So kann theoretisch die Form des vierdimensionalen Kosmos gefunden werden, indem wir den Verlauf von Lichtstrahlen aufzeichnen, die Entfernungen überbrücken, welche einen wesentlichen Teil der Ausmaße des Kosmos als eines Ganzen ausmachen. Diese Entfernungen sind riesig, direkte Messungen der Geometrie des Universums liegen noch ganz außerhalb unserer Reichweite, und wir wissen heute noch nicht, welcher der möglichen vierdimensionalen Formen die Umrisse des Weltalls am meisten entsprechen.

Glücklicherweise sind wir genauso wie die Flachländer nicht nur auf eine Art kosmologisches Experiment angewiesen, sondern können die Geometrien des Universums auch mit anderen, weniger direkten Mitteln angehen. Und da die vierte Dimension unseres vierdimensionalen Beispiels die Zeit ist, können wir hoffen, etwas über die Geometrie des Universums zu erfahren, wenn wir sein Verhalten über lange Zeiten hin untersuchen.

141

141 Dieser Galaxienhaufen, der zwischen den hellen Sternen im Vordergrund kaum sichtbar ist, ist etwa 5 Milliarden Lichtjahre von uns entfernt. Er liegt an der äußeren Grenze der für uns mit existierenden Teleskopen und photographischer Ausrüstung beobachtbaren Galaxien.

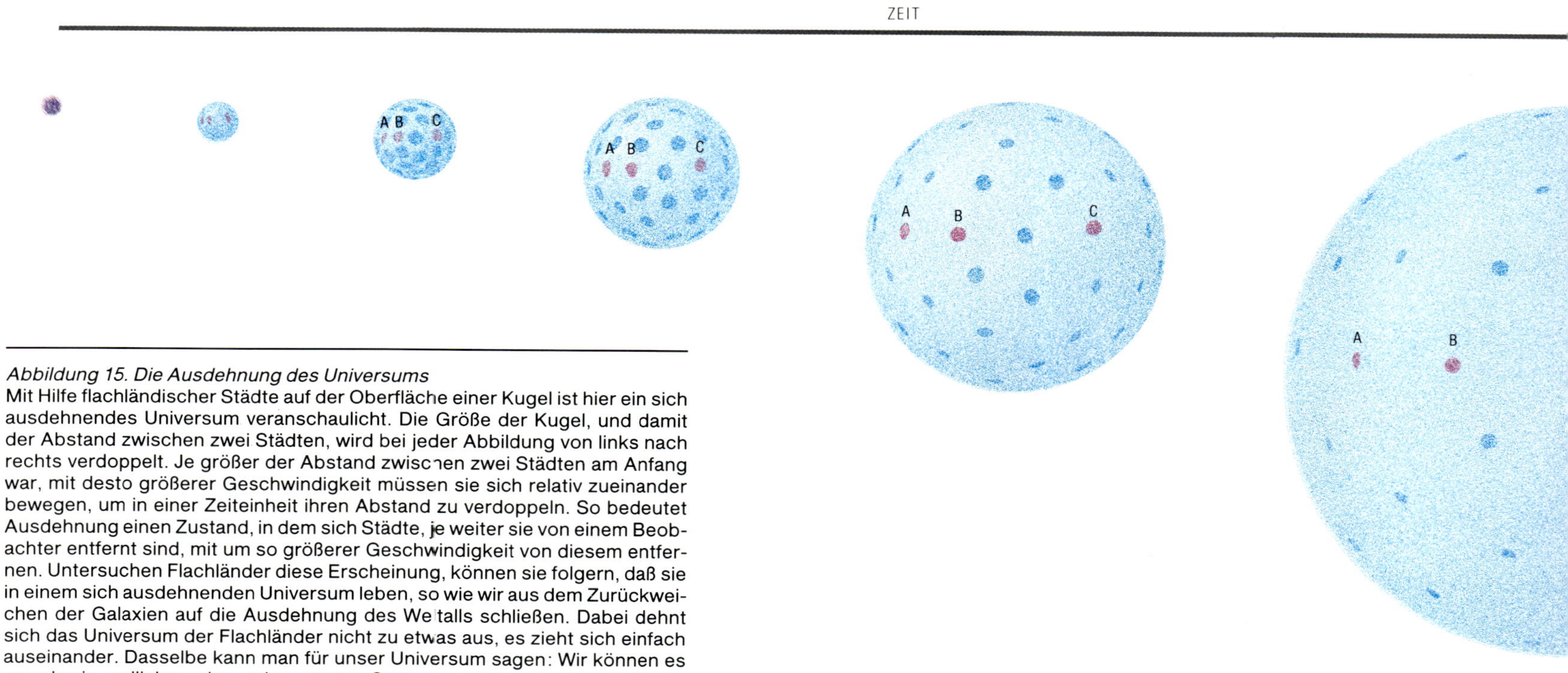

Abbildung 15. Die Ausdehnung des Universums
Mit Hilfe flachländischer Städte auf der Oberfläche einer Kugel ist hier ein sich ausdehnendes Universum veranschaulicht. Die Größe der Kugel, und damit der Abstand zwischen zwei Städten, wird bei jeder Abbildung von links nach rechts verdoppelt. Je größer der Abstand zwischen zwei Städten am Anfang war, mit desto größerer Geschwindigkeit müssen sie sich relativ zueinander bewegen, um in einer Zeiteinheit ihren Abstand zu verdoppeln. So bedeutet Ausdehnung einen Zustand, in dem sich Städte, je weiter sie von einem Beobachter entfernt sind, mit um so größerer Geschwindigkeit von diesem entfernen. Untersuchen Flachländer diese Erscheinung, können sie folgern, daß sie in einem sich ausdehnenden Universum leben, so wie wir aus dem Zurückweichen der Galaxien auf die Ausdehnung des Weltalls schließen. Dabei dehnt sich das Universum der Flachländer nicht zu etwas aus, es zieht sich einfach auseinander. Dasselbe kann man für unser Universum sagen: Wir können es uns als ein endliches, aber unbegrenztes System vorstellen, in dem die Materiedichte im Lauf der Zeit abnimmt.

Die Ausdehnung des Weltalls

Als Einstein mit der Relativität ein Mittel geschaffen hatte, den Kosmos in den Begriffen der vierdimensionalen Geometrie zu verstehen, mußte er daraus die Forderung seiner Theorie ableiten, daß das Weltall sich entweder ausdehnt oder zusammenzieht. Es schien, die Relativität erlaube es dem Universum nicht, statisch zu bleiben, sondern fordere, daß es sich entweder ausdehne wie eine aufblühende Blume oder schließe wie eine verwelkende. Diese Folgerung überraschte Beobachter und Theoretiker gleichermaßen, und nicht zuletzt Einstein selbst. Man wußte schon lange, daß im Kosmos vieles in Bewegung war, aber der Gedanke, daß der Kosmos sich als *Ganzes* bewege, war radikal. Zuerst gab es nur wenige, die ihn ernst nahmen. Dann entdeckten Astronomen, daß entfernte Galaxien sich voneinander weg bewegen und wir uns von ihnen, mit Geschwindigkeiten, die zu ihrem Abstand direkt proportional sind – kurz, daß das Weltall sich ausdehnt.

Um herauszufinden, was mit einem expandierenden Weltall gemeint ist, besuchen wir ein letztes Mal die Flachländer auf einer Kugel (Abbildung 15). Über die Oberfläche der Kugel sind die Städte der Flachländer verstreut; nehmen wir an, sie stellten Galaxienhaufen im Weltall dar. Stellen wir uns jetzt vor, daß die Kugel aufgeblasen wird.

An diesem Modell können drei faszinierende Kennzeichen eines sich ausdehnenden Universums aufgezeigt werden.

Zunächst müssen Flachländer in jeder Stadt glauben, jede andere bewege sich weg von ihnen. Das gilt für jeden Flachländer, ganz gleich, in welcher Stadt er lebt. Jeder kann wählen, ob er seine oder eine andere Stadt als ruhend oder alle in Bewegung sehen will; die Wahl steht ihm frei.

Zweitens ist die Geschwindigkeit, mit der sich die Städte voneinander entfernen, direkt proportional zu ihrer Entfernung. Betrachten wir drei Städte, A, B und C. Zu Beginn unserer Beobachtungsperiode sind A und B 100 Kilometer voneinander entfernt, B und C 200 km. Eine Zeiteinheit später ist die Kugel doppelt so groß. Alle Entfernungen zwischen den Städten haben sich genauso verdoppelt. A und B sind jetzt 200 Kilometer voneinander entfernt und B und C 400. Wir sehen daran sofort, daß die Geschwindigkeit von B in bezug auf C zweimal so groß gewesen ein muß wie die von A relativ zu B, weil ja B und C sich in derselben Zeitspanne doppelt so weit voneinan-

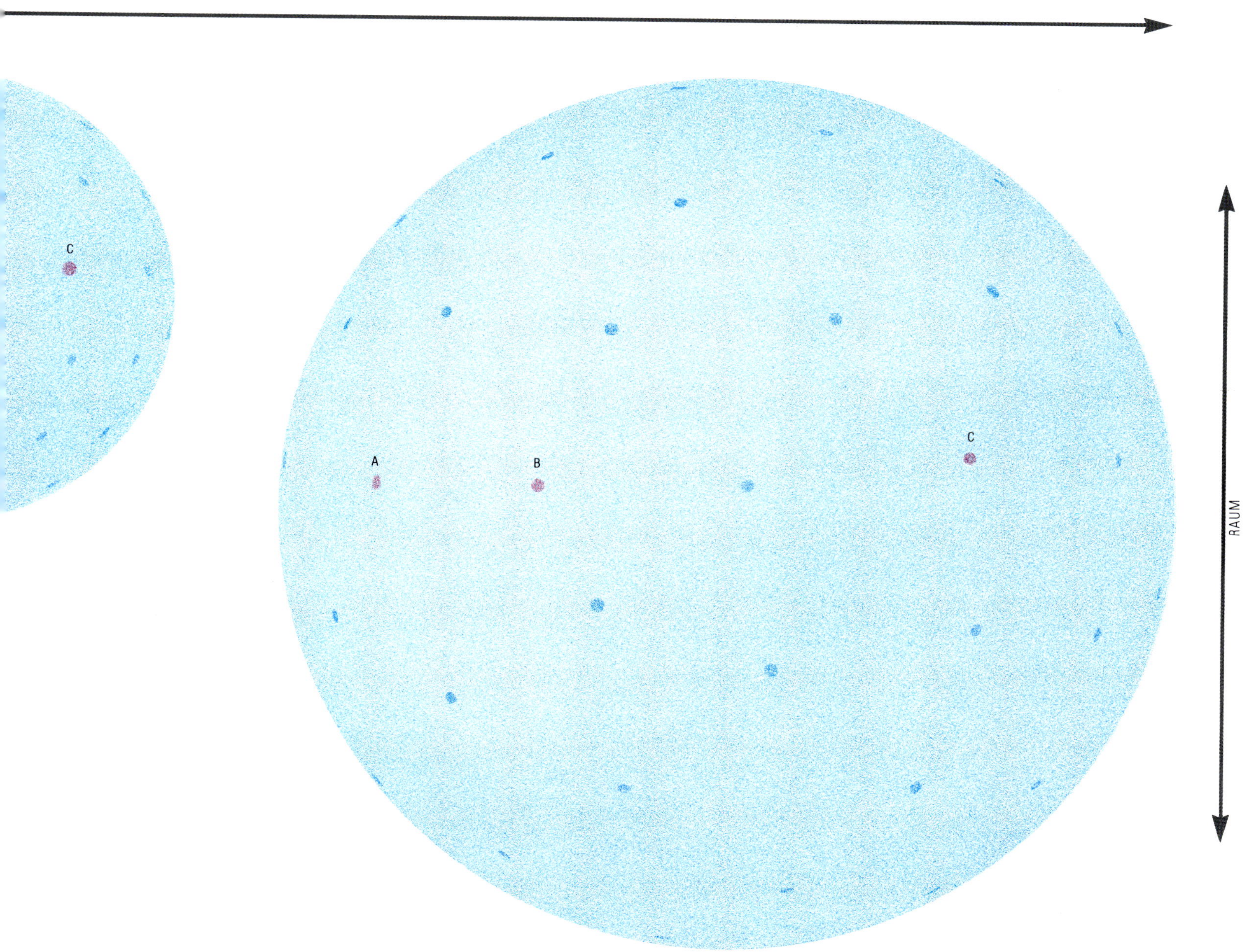
C
A
B
C
RAUM

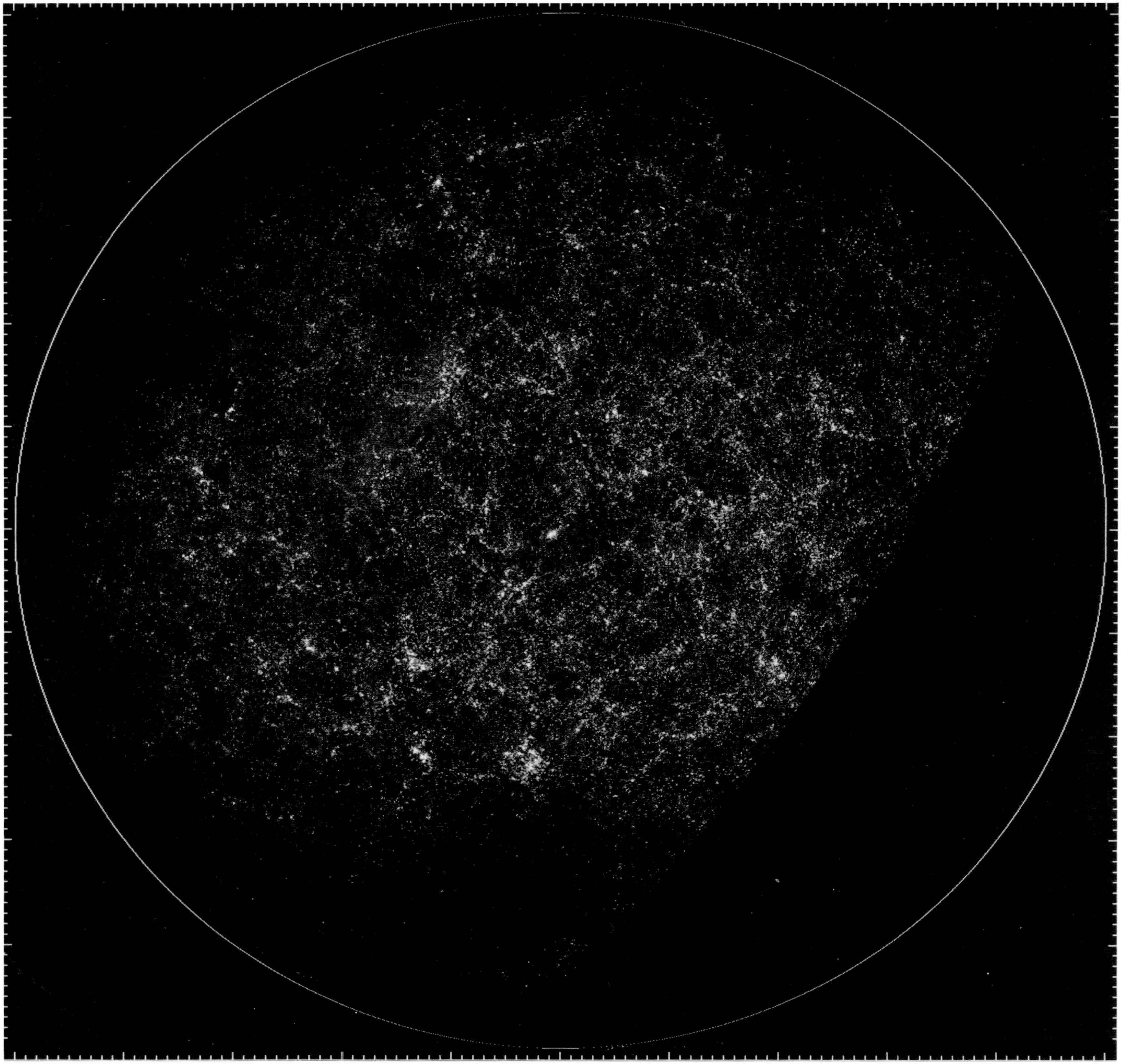

142

der entfernt haben. Und die relative Geschwindigkeit von A und C, den zwei Städten in unserem Beispiel, die am weitesten voneinander entfernt sind, muß noch größer sein. Das also verstehen wir unter Ausdehnung. Beobachter in jeder flachländischen Stadt können folgern, daß ihr Weltall sich ausdehnt sowie sie entdeckt haben, daß alle Städte sich mit Geschwindigkeiten, die ihren Abständen direkt proportional sind, voneinander entfernen. Übertragen auf Galaxienhaufen, hat diese Entdeckung uns Menschen zu der Erkenntnis geführt, daß das Universum sich ausdehnt.

Ein drittes Kennzeichen unseres Expansionsmodells ist, daß kein Beobachter eine Vorrang- oder Mittelstellung einnimmt. Keine flachländische Stadt liegt dem Rand des Universums näher als irgendeine andere, und keine liegt der Mitte des Weltalls am nächsten, denn auf der Oberfläche einer Kugel gibt es weder Rand noch Mitte. Alle Beobachter sind gleichermaßen dazu in der Lage, die Anzeichen der Ausdehnung zu entdecken und ähnliche Schlüsse daraus abzuleiten, und alle Beobachter können in allen Richtungen Städte sehen. Kosmologen nennen ein solches Universum isotrop und meinen damit, daß sein Aussehen und sein Verhalten im großen und ganzen unabhängig davon ist, wo man sich befindet. Dies scheint wieder der Situation im Universum der Galaxien analog zu sein: jeder Beobachter sieht die Galaxien sich entfernen ganz gleich, in welchen Teil des Himmels er schaut.

Es muß noch gesagt werden, daß die Form unseres Universums gar nicht notwendig oder auch nur wahrscheinlich analog zu einer vierdimensionalen Kugel ist. Es könnte zwar der Fall sein, dann würde es zu einer Klasse ‹geschlossener› geometrischer Formen gehören; es könnte aber auch zu einer Klasse ‹offener› vierdimensionaler Formen gehören. Wenn das Universum eines zukünftigen Tages aufhören sollte, sich auszudehnen, würde es geschlossen genannt werden, oder anders gesagt, einer Geometrie entsprechen, die der einer Kugel analog ist. Wenn statt dessen die Ausdehnung des Universums immer weitergehen sollte, wird seine Geometrie ‹offen› genannt oder, genauer, analog einer der verschiedenen hyperbolischen Formen sein, die gewöhnlich sattelförmig genannt werden. Der Kosmos könnte sich aber auch nach dem Muster einer exotischeren geometrischen Gestalt gebildet haben, vielleicht einer, die eine noch größere Anzahl Dimensionen erfordert.

Da eine der Dimensionen des Raum-Zeit-Kontinuums die Zeit ist, ist es möglich, sich theoretisch Gedanken über die Form des Kontinuums zu machen, wenn man davon ausgeht, wie sich die Ausdehnung des Universums im Lauf kosmischer Geschichte entwickelt hat. Die Ausdehnung des Universums, das sich aus einem gewaltigen ‹Urknall› entwickelte, kann nicht völlig ungezügelt vor sich gegangen sein. Die Gravitationskraft, die Galaxienhaufen aufeinander ausüben, müßte die Ausdehnungsgeschwindigkeit etwas verlangsamt haben. Es gibt kosmologische Modelle, in denen die Geometrie des Kosmos aus dem Maß der Verlangsamung abgeleitet wird.

Wie erforschen wir nun das Schicksal des Universums? Ein ideales Verfahren wäre ein Blick in die Vergangenheit. Wenn wir beobachten könnten, wie schnell sich das Universum vor Milliarden von Jahren ausgebreitet hat, könnten wir diese Geschwindigkeit mit Messungen, die wir heute von der Ausdehnungsgeschwindigkeit machen können, vergleichen und aus dem Unterschied zwischen den beiden die Verlangsamung bestimmen und vorhersagen, ob die Ausdehnung ewig weitergehen wird oder nicht.

Hier kommt das Universum, wie so oft, unseren Wünschen entgegen. Der intergalaktische Raum ist so durchsichtig, daß wir Galaxien sehen können, die Milliarden von Lichtjahren entfernt sind. Und weil das Licht aus diesen großen Entfernungen Milliarden Jahre brauchte, um uns zu erreichen, sehen wir das Weltall dort so, wie es vor langer Zeit war. Es ist also möglich, kosmische Geschichte unmittelbar zu studieren. Dies nennen die Astronomen ‹Rückblickzeit›.

Rückblickzeit

Was wir am Himmel sehen, ist die Vergangenheit. Licht, das heute vom 8,7 Lichtjahre entfernten Stern Sirius auf die Erde fällt, ist 8,7 Jahre alt. Licht von dem roten Stern Antares, der 520 Lichtjahre entfernt ist, stammt aus dem fünfzehnten Jahrhundert. Wir sehen den Andromedanebel, wie er in den ersten Tagen des Homo erectus war, die Galaxien des Virgohaufens, wie sie waren, als am Nordpol Kokosplamen wuchsen und Schreckenskraniche den Himmel verdunkelten. Das Licht entfernter Quasare machte sich auf seinen Weg zu unseren Teleskopen, bevor die Erde sich gebildet hatte. In den Raum hinausschauen heißt, zurück in die Zeit sehen. Die Geschichte des Kosmos ist am Himmel für die, die sie lesen wollen, aufgezeichnet.

142 Wie viele Galaxien gibt es? Noch weiß kein Mensch die Antwort. Eine grobe Schätzung, bei der zuerst die Galaxien in unserer Nachbarschaft gezählt werden und dann auf das Weltall geschlossen wird, sagt 100 Milliarden. Diese Karte stellt eine Million Galaxien dar, also etwa ein Zehntausendstel aller Galaxien des Universums. Das duftige, spitzenartige Muster stellt die größte Struktur dar, die das Menschenauge je gesehen hat.

Abbildung 16

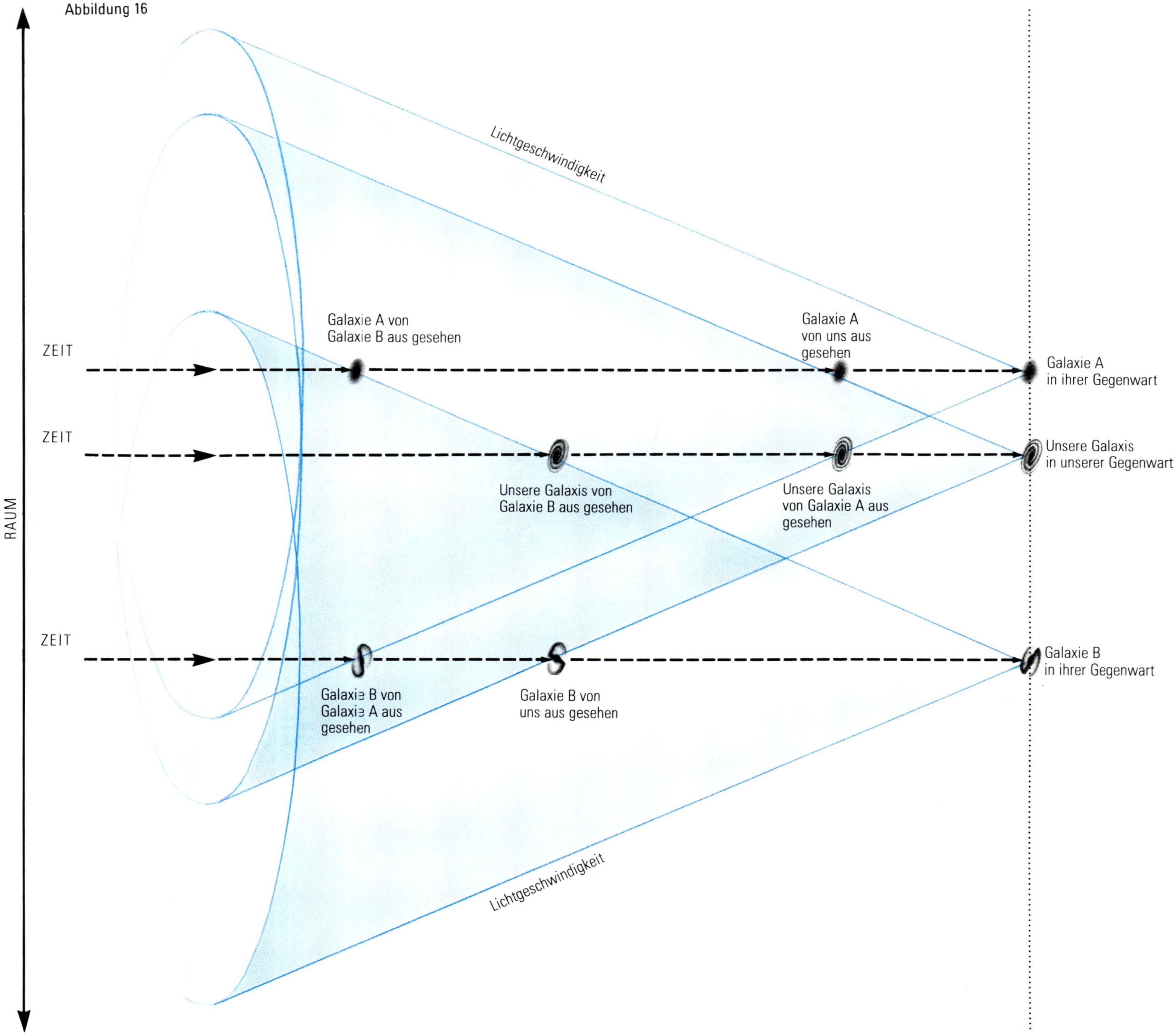

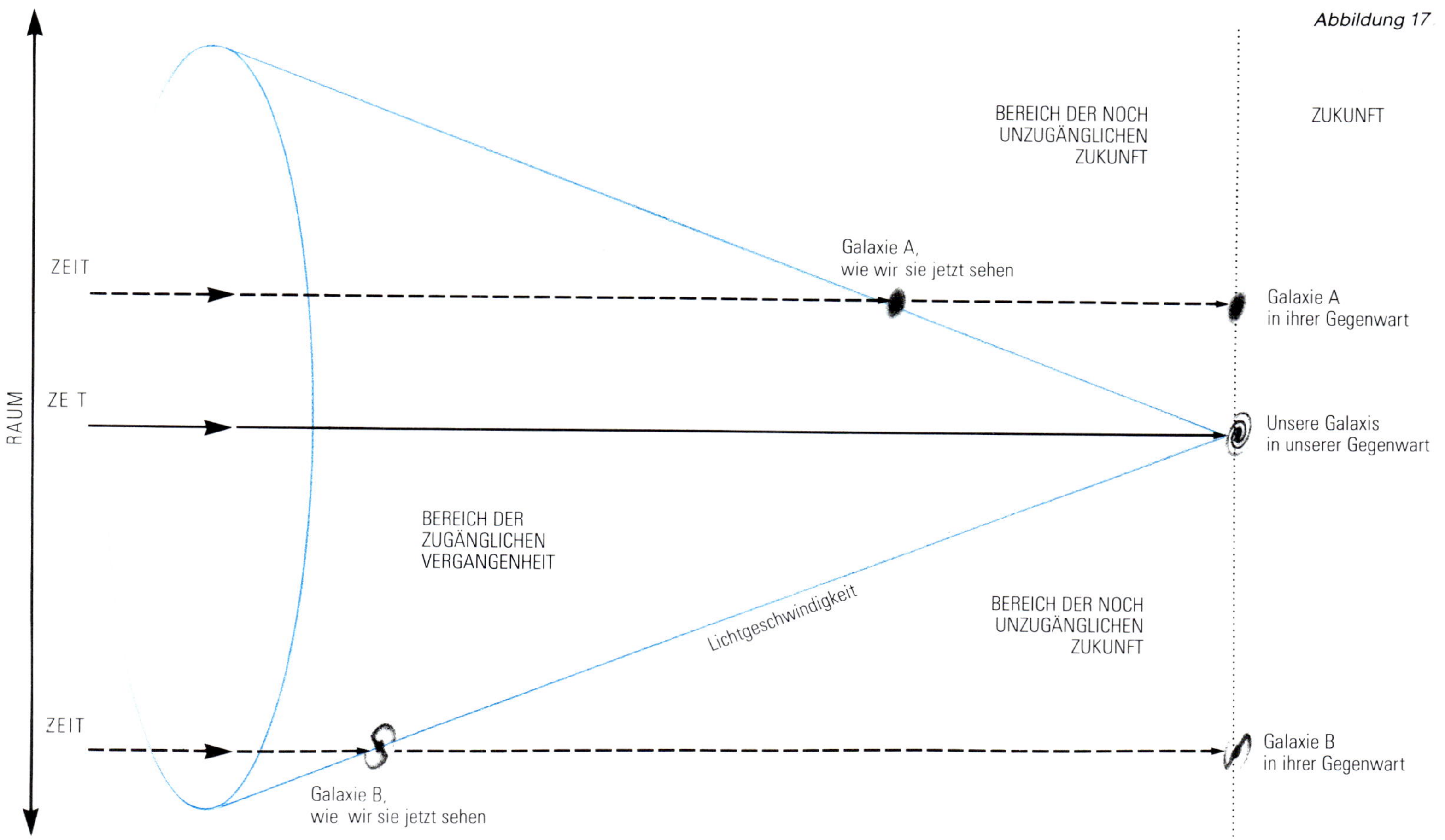

Einige der Folgerungen dieser Situation können mit Hilfe eines Diagramms untersucht werden, bei dem der Raum als die vertikale und die Zeit als die horizontale Achse aufgetragen sind (Abb. 16). Der ‹Lichtkegel› in der Abbildung ergibt sich, wenn wir die Steigung seiner Lichtgeschwindigkeit entsprechen lassen. In jedem Augenblick kosmischer Geschichte sind die Ereignisse, die ein bestimmter Beobachter wissen kann, auf die im Inneren seines Lichtkegels beschränkt (Abb. 17).

Abbildung 16. Die Lichtkegel von Beobachtern in drei Galaxien
Hier sehen unsere Galaxis und Galaxie A einander vor relativ kurzer Zeit, während die Galaxien A und B, die weiter entfernt sind, sich in größerer Vergangenheit sehen. Ereignisse, die in jeder der Galaxien erst kürzlich geschahen, sind Beobachtern in anderen Galaxien noch nicht bekannt, weil das Licht, das von ihnen Kunde gibt, noch nicht genug Zeit hatte, den intergalaktischen Raum zu durchqueren.

Abbildung 17. Darstellung der intergalaktischen Vergangenheit und Zukunft mit Hilfe eines Lichtkegels
Von Ereignissen, die irgendwo im Kosmos geschehen, erfahren wir nur, wenn ihr Licht (oder andere Strahlung) uns erreicht. Deswegen können wir Ereignisse in solche einteilen, die innerhalb unseres ‹Lichtkegels› liegen, deren Licht also Zeit hatte, zu uns zu kommen, und solche, die außerhalb liegen, von denen wir bis jetzt noch nichts wissen können. Wir denken uns unsere Galaxis in dieser Zeichnung als sich im Lauf der Zeit von links nach rechts bewegend, so daß also fortwährend Ereignisse in unseren Lichtkegel hineinkommen.

Wie dieses Lichtkegel-Diagramm zeigt, sehen wir eine Galaxie in einem um so früheren Zeitpunkt ihrer Entwicklung, je weiter sie von uns entfernt ist. Die uns ziemlich nahe Galaxie A erscheint uns so, wie sie vor kurzem war, als ihre Zeitlinie (die auch oft Weltlinie genannt wird) den Rand unseres Lichtkegels schnitt. Ereignisse, die danach in der Galaxie A stattfanden, gehören jetzt zur Geschichte dieser Galaxie, liegen aber in unserer Zukunft, weil sie noch nicht in unseren Lichtkegel gelangt sind. Die weiter entfernte Galaxie B schneidet unseren Lichtkegel in einem zeitlich weiter zurückliegenden Punkt, deshalb sehen wir sie so, wie sie vor langer Zeit war.

Wenn das Universum statisch und unveränderlich wäre, nützte uns die Tatsache wenig, daß wir zurück in seine Geschichte sehen können. Da wir aber in einer sich verändernden, sich entwickelnden Welt leben, eröffnet uns die Rückblickzeit enorme Lernmöglichkeiten. So sind wir Nutznießer der Geschichte des Universums, von der wir bis jetzt nur einige Kostproben geschmeckt haben.

Daß wir nicht mehr Vorteile daraus geschöpft haben, liegt nicht an den Beschränkungen, die uns das Universum auferlegt, sondern nur an den technologischen Grenzen der Teleskope, die uns zur Verfügung stehen. Die Fernrohre, die wir heute bauen können, sind nicht empfindlich genug, um normale Galaxien in einer Entfernung von über einer Milliarde Lichtjahren in ihren Einzelheiten zu photographieren. Da Galaxien auf etwa 12 bis 15 Milliarden Jahre geschätzt werden, steht hier unserer Möglichkeit, sie mit einer großen Rückblickzeit zu beobachten, eine ernsthafte, wenn auch nicht dauerhafte Einschränkung entgegen, und die allgemeine Geschichte des Universums bleibt gegenwärtig größtenteils unbekannt.

Es ist jedoch möglich, manche sehr weit entfernten Objekte zu beobachten – die Quasare. Die Quasare, fern und strahlend, sind wahrscheinlich junge Galaxien, die wir sehen, während sie sich bilden oder noch in den Kinderschuhen stecken, und die ungeheure Energiemengen hinausschleudern. Sie sind so hell, daß sie mit unseren Teleskopen heute auch in Entfernungen von 10 oder 15 Milliarden Lichtjahren beobachtet werden können, ja sie strahlen so sehr, daß sie auch in noch größeren Entfernungen gefunden werden sollten. Aber bis jetzt ist noch keiner gefunden worden, der weiter als 15 Milliarden Lichtjahre entfernt ist.

Die ‹Urknall›-Theorie hat für dieses Fehlen von Quasaren in Entfernungen (und Rückblickzeiten) von über etwa 15 Milliarden Lichtjahren eine einfache Erklärung. Wenn, wie diese Theorie annimmt, die Ausdehnung des Universums mit einem heftigen Ereignis vor etwa 18 bis 20 Milliarden Jahren begann, würden wir erwarten, daß diesem Augenblick heftigen Werdens eine Epoche der Dunkelheit folgte, in der die sich verdünnende, abkühlende Urmasse des Universums zusammenfloß. Darauf begannen die Sterne und Kerne der Protogalaxien zu leuchten, und es wurde wieder Licht im Kosmos. Wenn Quasare diese Protogalaxien sind, die die Theorie voraussagt, dann könnten wir erwarten, daß wir in einer Rückblickzeit von annähernd 12 bis 15 Milliarden Lichtjahren sehr viele Quasare finden, aber keine in größeren Zeiten; denn jenseits dieser Grenze sehen wir in eine Zeit zurück, in der die Protogalaxien noch nicht leuchteten. Diese Stelle, an der die Quasare aufhören, wird manchmal der ‹Rand des Weltalls› genannt. Alle Beobachter des Kosmos glauben heute, daß der Bereich, wo die Quasare aufhören, in eine extrem große Rückblickzeit gehört. Kein Beobachter von heute ist dem ‹Rand des Weltalls› näher als ein anderer, denn der ‹Quasarhorizont› gehört der Vergangenheit an. Und kein Beobachter sieht in der Nähe, in einer kurzen Rückblickzeit, Quasare im Überfluß, weil die Quasare selbst der Vergangenheit angehören, und wohl auch, weil sie sich zur Ruhe gesetzt haben, um die Kerne von mehr oder weniger normalen Galaxien zu werden.

Und wie ist es mit dem Licht des Urknalls selbst? Die Theorie sagt voraus, daß es heute als allgegenwärtige Hintergrundstrahlung zu beobachten sein sollte. Seine Strahlungsenergie wurde bei der Ausdehnung des Universums sehr verdünnt, so daß sie der eines schwarzen Körpers von nur drei Grad über dem absoluten Nullpunkt gleicht. Bei diesem Tiefstand wird das Strahlungsmaximum sich weit in den Bereich der Radiowellen verlagert haben. Genau solch eine Hintergrundstrahlung ist 1965 von Radioastronomen entdeckt worden, sie wurde seitdem oft untersucht. So kann es also gut sein, daß wir tatsächlich in den großen Kessel hineinsehen können, aus dem sich unser heutiges Weltall entwickelte.

Abbildung 18. Darstellung des expandierenden, sich entwickelnden Wetlalls mit Hilfe der Rückblickzeit

Die Geschichte des Weltalls, wie sie heute rekonstruiert wird, ist hier in Abschnitte des Lichtkegels eines zeitgenössischen Beobachters eingeteilt. Der jüngere und lokale Kosmos erscheint rechts, weit entfernte Zeiten und Orte an der linken Seite des Schemas. Der explosive Beginn der Welt – der sogenannte Big Bang oder Urknall – erscheint an der äußersten linken Seite vor etwa 18 oder 20 Milliarden Jahren; heute noch ist die damals abgestrahlte Energie als eine schwache Hintergrundstrahlung im Bereich der Radiowellen wahrzunehmen. Darauf folgt eine Periode der Dunkelheit, während der sich das Weltall ausdehnt und abkühlt, bis die Materie zu Sternen und Galaxien kondensieren kann. Die Kerne junger Galaxien leuchten auf; mit großer Wahrscheinlichkeit sehen wir diese heute als Quasare. In den folgenden Milliarden von Jahren beruhigen sich diese jungen Galaxien zu normalen Galaxien, wie wir sie heute kennen; aktive Kerne werden seltener, und damit werden weniger Quasare beobachtet.

Man beachte die sich über Milliarden von Lichtjahren erstreckende ‹Dämmerzone›, die Rückblickzeiten darstellt, in denen heutige Teleskope zwar Quasare, nicht aber die viel schwächer leuchtenden normalen Galaxien erkennen können.

Wenn einmal Fernrohre gebaut werden, die in der Lage sind, diese Dämmerzone zu untersuchen, müßte es auch möglich sein, die ganze Geschichte der Bildung und Entwicklung der Galaxien durch direkte Beobachtung zu erforschen.

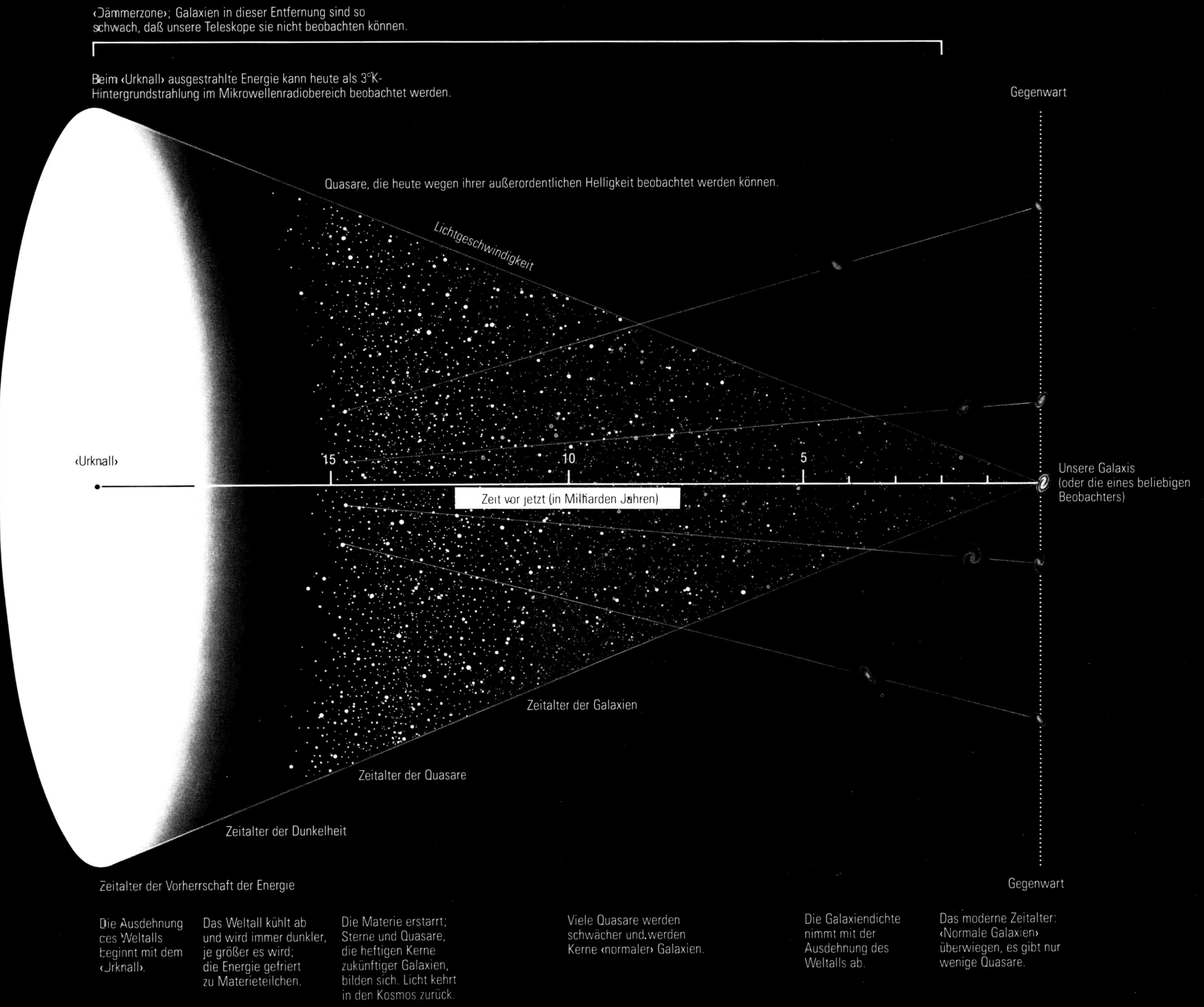

‹Dämmerzone›; Galaxien in dieser Entfernung sind so schwach, daß unsere Teleskope sie nicht beobachten können.
Beim ‹Urknall› ausgestrahlte Energie kann heute als 3°K-Hintergrundstrahlung im Mikrowellenradiobereich beobachtet werden.
Gegenwart
Quasare, die heute wegen ihrer außerordentlichen Helligkeit beobachtet werden können.
Lichtgeschwindigkeit
‹Urknall›
15
10
5
Zeit vor jetzt (in Milliarden Jahren)
Unsere Galaxis (oder die eines beliebigen Beobachters)
Zeitalter der Galaxien
Zeitalter der Quasare
Zeitalter der Dunkelheit
Zeitalter der Vorherrschaft der Energie
Gegenwart
Die Ausdehnung des Weltalls beginnt mit dem ‹Urknall›.
Das Weltall kühlt ab und wird immer dunkler, je größer es wird; die Energie gefriert zu Materieteilchen.
Die Materie erstarrt; Sterne und Quasare, die heftigen Kerne zukünftiger Galaxien, bilden sich. Licht kehrt in den Kosmos zurück.
Viele Quasare werden schwächer und werden Kerne ‹normaler› Galaxien.
Die Galaxiendichte nimmt mit der Ausdehnung des Weltalls ab.
Das moderne Zeitalter: ‹Normale Galaxien› überwiegen, es gibt nur wenige Quasare.

Abbildung 19

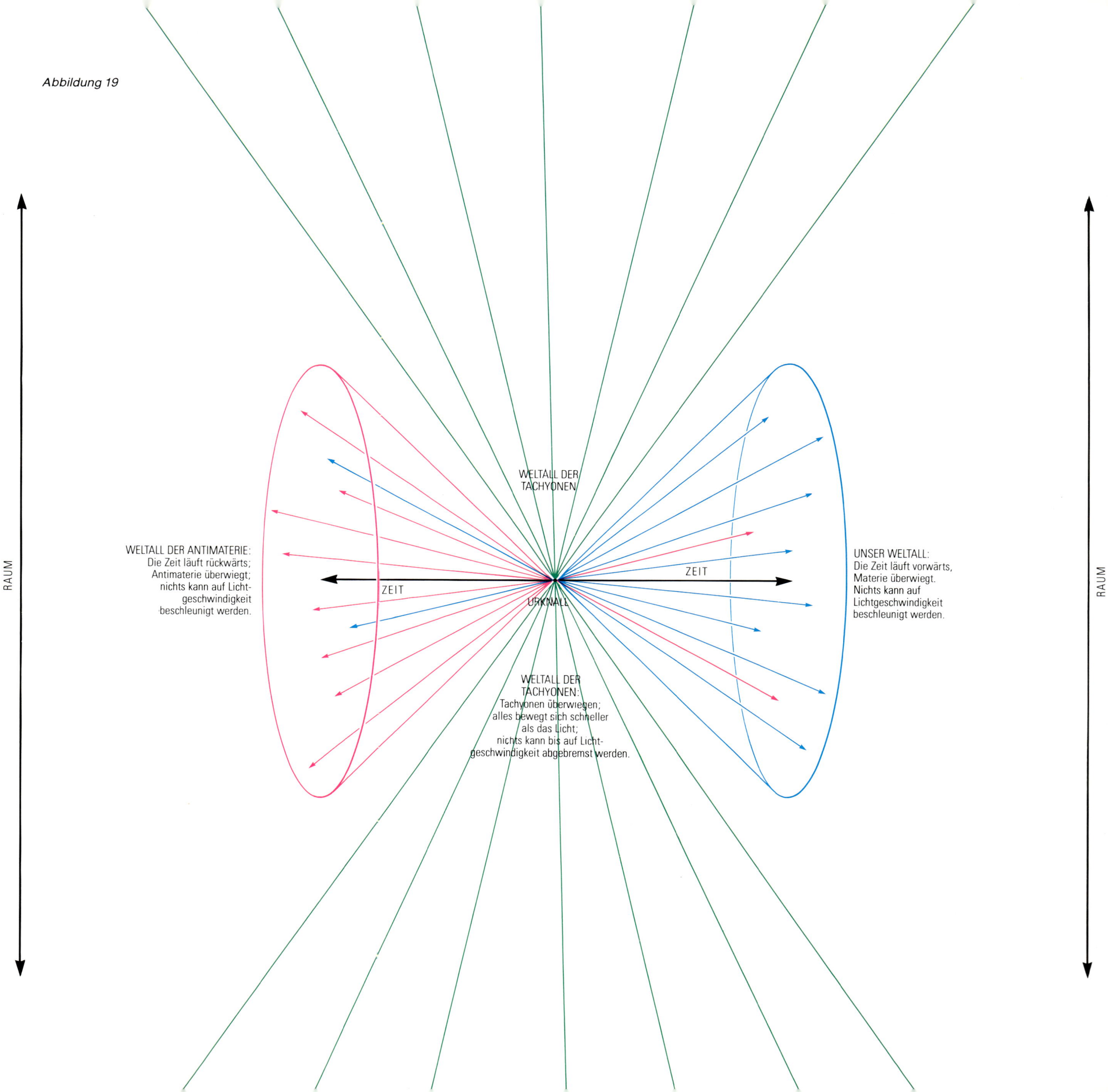

Kosmologische Modelle

Ein Universum von Fragen über das Universum bleibt. Hinweise auf den Quasarhorizont und die kosmische Hintergrundstrahlung zeigen, daß jene Kosmologen auf der richtigen Spur sind, die behaupten, das Universum habe ein endliches Alter und eine endliche Masse, seine Ausdehnung habe mit einem Ausbruch begonnen, aus dem sich ein Prozeß kosmischer Entwicklung ergab, der bis heute anhält, und daß die Geometrie des Universums besser verstanden werden kann, wenn man Dimensionen beschwört, die über das hinausreichen, was uns auf der Erde als Begriffsrahmen diente. Aber innerhalb der Grenzen dieser Behauptungen liegt auch dann, wenn sie zutreffen ein breites Gebiet für kosmologische Forschung. Abbildung 19 illustriert nur eines aus einer Vielzahl vorstellbarer kosmologischer Modelle, die mit Hilfe der Parameter der Urknallhypothese konstruiert werden können. Nach diesem Modell, das übrigens eine Schöpfung von J. Richard Gott III von der Universität Princeton ist, entstanden bei dem Urknall statt eines gleich drei Universen. Das Gottsche Modell versucht damit, zwei Merkwürdigkeiten unseres Weltalls gerecht zu werden, die vielen unserer Kosmologen Kopferzerbrechen bereiten. Eine ist, daß die Zeit im realen Universum anscheinend nur in einer Richtung verläuft, während die Grundgleichungen der Physik alle zeitsymmetrisch sind, das heißt, sie machen keinen Unterschied zwischen Vergangenheit und Zukunft. Die zweite Auffälligkeit, mit der R. Gott sich beschäftigt, ist die Seltenheit von Antimaterie in unserem Universum. Zu jeder Art subatomarer Materieteilchen kann man sich ein Teilchen mit gleicher Masse aber entgegengesetzter Ladung vorstellen – sein Antiteilchen. Aber in der Natur sind nur Spuren von Antimaterie gefunden worden. Warum sollte die Natur so unsymmetrisch sein und Materie der Antimaterie vorziehen, die Zeit in eine, aber nicht in die andere Richtung laufen lassen?

R. Gott verfolgte einen Hinweis, den theoretische Physiker gaben, die behaupteten, daß man sich Antimaterie als gewöhnliche Materie, die sich in umgekehrter Zeitrichtung bewegt, vorstellen könnte, als er seine Kosmologie der drei Universen entwarf. Er meint, der Urknall habe nicht nur unser Universum erzeugt, sondern auch ein zweites Universum, das aus Antimaterie besteht und sich in entgegengesetzter Zeit entwickelt, und noch ein drittes Universum, das ausschließlich aus Teilchen besteht, die sich schneller bewegen als das Licht. Die flüchtigen Teilchen dieses geisterhaften dritten Universums, sogenannte Tachyonen, sind nach der Relativitätstheorie erlaubt, die nur fordert, daß nichts in unserer Welt auf Lichtgeschwindigkeit *beschleunigt* werden kann; Tachyonen brauchen sich um diese Bedingung nicht zu sorgen, denn sie sind *immer* schneller gewesen als das Licht. Sie bewohnen ein spiegelbildliches Weltall, in dem alles schneller ist als das Licht und nichts auf eine Geschwindigkeit, die so schnell ist wie das Licht, gebremst werden kann. Die Gottsche Kosmologie ist ein Meisterwerk der Symmetrie, ohne sie jedoch kategorisch zu fordern; sie sagt zum Beispiel voraus, daß es Spuren einer Verseuchung unseres Weltalls durch Antimaterie (wie sie durch Beobachtung bestätigt worden sind) und durch Tachyonen (die nicht bestätigt wurden) geben sollte. Auch wenn wir die Wahrscheinlichkeit nicht für groß halten, daß dieses Modell der Wirklichkeit entspricht, so hat es in der Kombination von Symmetrie und Unvollkommenheit doch etwas von der Natur selbst.

Unsere Nachfahren mögen die kosmologischen Theorien unserer Zeit mit Achtung, Verwunderung, Ärger oder auch Heiterkeit betrachten. Wichtig ist, daß die kosmologischen Bemühungen nicht mehr rein spekulativer Natur zu sein brauchen. Wir haben gelernt, wie wir sie am wirklichen Universum testen können. Und das Universum zeigt sich solcher Erforschung sehr zugänglich. Nach allem, was wir noch bis vor recht kurzer Zeit wußten, hätte das Weltall überfüllt oder armselig, ausdruckslos oder durchscheinend, unveränderlich oder unvorhersagbar sein können. Statt dessen finden wir es klar, verständlich, beobachtbar, sich entwickelnd; es zieht uns in seinen Bann. Das Weltall lädt ein, es zu erforschen, so wie ein klarer Himmel Vögel zum Fliegen auffordert.

Abbildung 19. Eine Urknall-Kosmologie mit drei Universen
Als eines von mehreren klug ausgedachten kosmologischen Modellen, die innerhalb des breiten Bereichs der Urknalltheorie kosmischer Geschichte konstruiert wurden, fordert diese Theorie, von Richard Gott III von der Universität in Princeton formuliert, statt eines Weltalls die Existenz dreier Universen. Dieser Theorie zufolge entstand beim Urknall nicht nur unser Universum, in dem es mehr Materie als Antimaterie gibt und die Zeit vorwärts läuft, sondern ein zweites, in dem Antimaterie vorherrscht und die Zeit rückwärts verläuft, sowie ein Tachyon-Universum, in dem sich alles schneller als das Licht bewegt. Unser Weltall ist vom ‹Antiweltall› zeitlich getrennt. Diese beiden sind von dem Tachyonen-Weltall räumlich getrennt, weil die Tachyonen schon im Augenblick ihrer Schöpfung jenseits aller Lichtkegel aller Beobachter in den beiden anderen Universen davonflohen.

143 Quasare sind wahrscheinlich die Kerne junger Galaxien, die wir dabei beobachten, wie sie gewaltige Energiemengen abschütteln, wenn sie sich aus dem Urgas bilden. Hier sind zwei Quasare im Röntgenbereich durch Detektoren von einem Erdsatelliten aus beobachtet worden; die Farben sind nicht echt, weil Röntgenstrahlung weit vom Spektrum sichtbaren Lichts entfernt liegt und man ihr keine Farbe zuschreiben kann; sie wurden von einem Computer erzeugt. Der schwache Quasar in der oberen linken Ecke ist 15 Milliarden Lichtjahre entfernt; seine Energie reist seit etwa drei Vierteln der Zeit, die seit dem Beginn der Ausdehnung des Universum verstrichen ist, durch den Raum (Seite 176, 177).

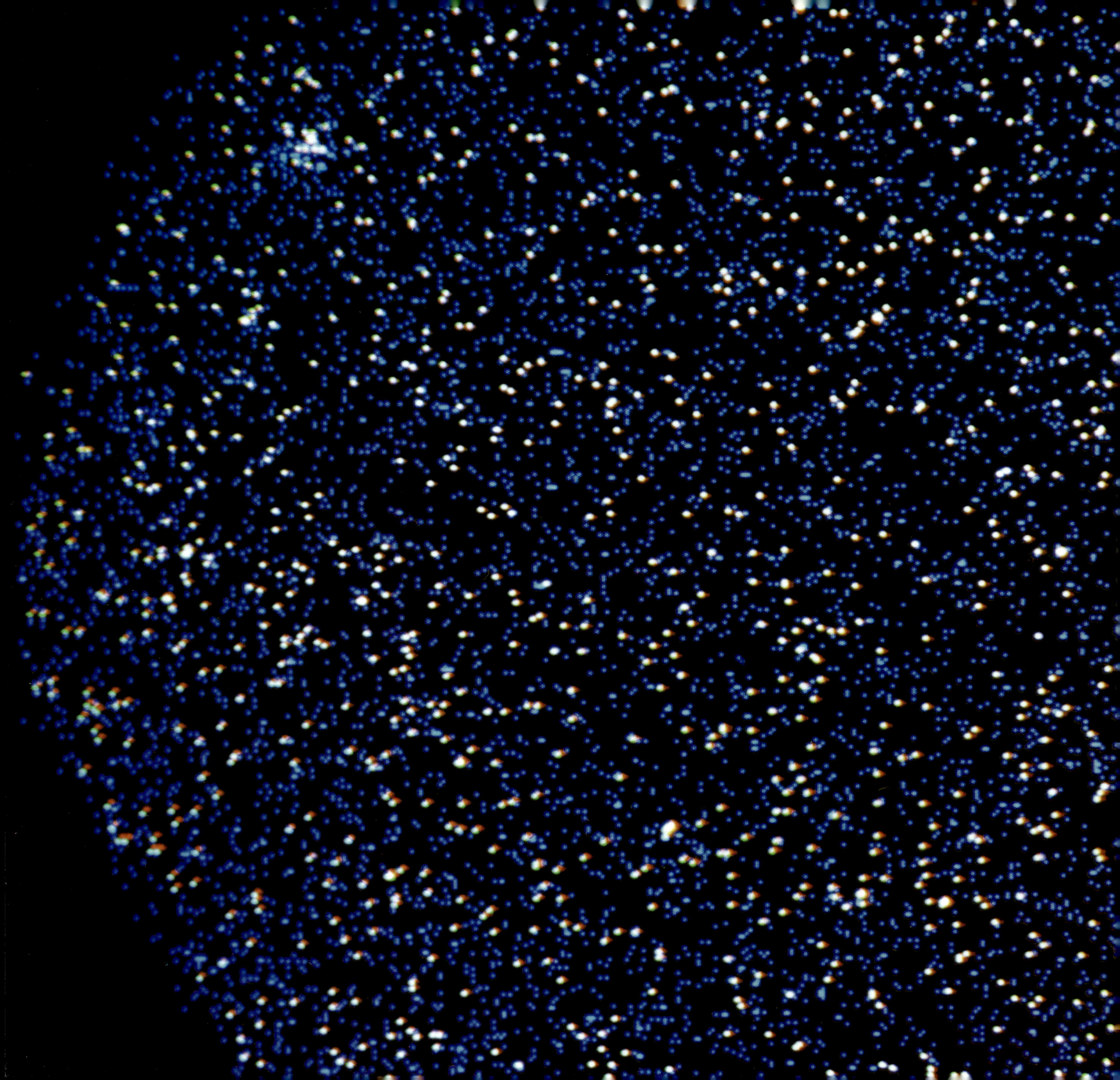

Die Sonne am Himmel, die Sterne und den
gesetzmäßigen Wandel der Jahreszeiten
betrachtet manch einer frei von banger Furcht
Horaz

BILDQUELLEN

Der Verfasser mochte den nachfolgend Genannten für die Großzügigkeit danken, mit der sie Photographien für dieses Buch zur Verfügung gestellt haben. Das Copyright © gehört bei allen Photographien den genannten Personen oder Institutionen, die Photographien dürfen nicht ohne ihre Erlaubnis reproduziert werden

Photo	Objekt	Quelle
Frontispiz	Galaxie NGC 6744	Raymond J. Talbot, Jr., Reginald J. Dufour, und Eric B. Jensen, Rice University
1	Die Sonne	United States Naval Research Laboratory
2	Milchstraße	Mssrs. Brodkorb, Rihm, und Rusche, Astrophoto Laboratory
3	Kohlensacknebel	Harvard College Observatory
4	Kegelnebel	Hale Observatories
5	Pferdekopfnebel	Royal Observatory, Edinburgh
6	Orionnebel	Royal Observatory, Edinburgh
7	Trapezium	Lick Observatory
8	Adlernebel	Hale Observatories
9	Rosettanebel	Hale Observatories
10	Rosettanebel (Zentralbereich)	Kitt Peak National Observatory
11	Eta Carinae-Nebel	Association of Universities for Research in Astronomy, Inc., Cerro Tololo Inter-American Observatory
12	Eta Carinae-Nebel (Zentralbereich)	Association of Universities for Research in Astronomy, Inc., Cerro Tololo Inter-American Observatory
13	Trifid- und Lagunennebel	Hale Observatories
14	Lagunennebel	Association of Universities for Research in Astronomy, Inc., Kitt Peak National Observatory
15	Trifidnebel	David Malin, Anglo-Australian Telescope Board
16	Sternhaufen NGC 3293	David Malin, Anglo-Australian Telescope Board
17	Sternhaufen der Plejaden	Hale Observatories
18	Kugelsternhaufen NGC 2808	Mt. Stromlo und Siding Spring Observatories, Australian National Observatory
19	Kugelsternhaufen M 13	United States Naval Observatory
20	Kugelsternhaufen M 3	Hale Observatories
21	Kugelsternhaufen M 15	Kitt Peak National Observatory
22	Kugelsternhaufen Omega Centauri	Cerro Tololo Inter-American Observatory
23	Kugelsternhaufen M 5	Kitt Peak National Observatory
24	Kugelsternhaufen 47 Tucana	Cerro Tololo Inter-American Observatory
25	Kugelsternhaufen NGC 6522 und NGC 6528	Kitt Peak National Observatory
26	Intergalaktischer Kugelsternhaufen NGC 2419	Rene Racine, Hale Observatories
27	Planetarischer Nebel M 27	Hale Observatories
28	Planetarischer Nebel M 57	Hale Observatories
29	Schleiernebel (Gesamtansicht)	Hale Observatories
30	Schleiernebel (Ausschnitt)	Kitt Peak National Observatory
31	Krebsnebel-Überlagerung	Guido Münch und Walter Baade, Hale Observatories
32	Krebsnebel	Lick Observatory
33	Milchstraße im Schwan	National Geographic-Palomar Observatory Sky Survey
34	Milchstraße im Schützen	National Geographic-Palomar Observatory Sky Survey
35	Milchstraßen-Mosaik	Mt. Stromlo und Siding Springs Observatories, Australian National University
36	Große Magellansche Wolke	Raymond J. Talbot, Jr., Reginald J. Dufour, und Eric B. Jensen, Rice University
37	Die Magellanschen Wolken	Harvard College Observatory
38	Kleine Magellansche Wolke	Royal Observatory, Edinburgh
39	Kleine Magellansche Wolke	Raymond J. Talbot, Jr., Reginald J. Dufour, und Eric B. Jensen, Rice University
40	Galaxie M 31	Hale Observatories
41	M 31 (Zentralgebiet)	Association of Universities for Research in Astronomy, Inc., Kitt Peak National Observatory
42	Galaxie M 31 (Zentralgebiet)	Hale Observatories
43	M 31 (in Kernnähe)	Hale Observatories
44	M 31 (äußerer Arm)	Hale Observatories
45	M 31 (Kern)	Lick Observatory
46	M 32	Kitt Peak National Observatory
47	NGC 205	Hale Observatories
48	NGC 147	Hale Observatories
49	NGC 185	Lick Observatory
50	M 31 (Radiokarte)	Elly M. Berkhuijsen, Max-Planck-Institut für Radioastronomie
51	M 33	Hale Observatories
52	Bildhauer Zwerg-Kugel-Galaxie	European Southern Observatory
53	M 101	Hale Observatories
54	NGC 7331	Hale Observatories
55–62	Galaxien, Formaltypen	Hale Observatories
63	NGC 2841	Hale Observatories
64	NGC 2613	Allan Sandage, Hale Observatories
65	M 64	Hale Observatories
66	NGC 3623	United States Naval Observatory
67	M 104	Steven Strom, Kitt Peak National Observatory
68	NGC 4565	Lick Observatory
69	NGC 3992	Lick Observatory
70	NGC 4541	Steven Strom, Kitt Peak National Observatory
71	NGC 1360	European Southern Observatory
72	NGC 4650	Laird A. Thompson, Kitt Peak National Observatory
73	NGC 4548	Laird A. Thompson, Kitt Peak National Observatory
74	M 83	Raymond J. Talbot, Jr., Reginald J. Dufour, und Eric B. Jensen, Rice University

Photo	Objekt	Quelle
75	M 83 (Negativabzug)	Royal Observatory, Edinburg
76	M 83 (Radiokarte)	D. H. Rogstad, California Institute of Technology
77	NGC 4477	Steven Strom, Kitt Peak National Observatory
78	M 84	Kitt Peak National Observatory
79	M 49	Kitt Peak National Observatory
80	Carina-Zwerggalaxie	Royal Observatory, Edinburgh
81	NGC 3077	Kitt Peak National Observatory
82	Zwerggalaxie im Sextanten	Hale Observatories
83	NGC 5364	Kitt Peak National Observatory
84	NGC 6744	Cerro Tololo Inter-American Observatory
85	M 74	Hale Observatories
86	NGC 2683	United States Naval Observatory
87	NGC 5907	United States Naval Observatory
88	Pluto und NGC 5248	K. Alexander Brownlee
89, 90	NGC 4725 mit Supernova	Hale Observatories
91	NGC 4096 mit Supernova	Lick Observatory
92	NGC 4303 mit Supernova	Lick Hobservatory
93	Centaurus A	Hale Observatories
94	Centaurus A	Raymond J. Talbot, Jr., Reginald J. Dufour, und Eric B. Jensen, Rice University
95	Perseus A	Hale Observatories
96	Cygnus A	Hale Observatories
97	M 87 (groß)	Malcolm Smith und W. E. Harris, Cerro Tololo Inter-American Observatory
98	M 87	James Wray, McDonald Observatory, University of Texas
99	M 87 (klein)	Lick Observatory
100	M 77	Lick Observatory
101	NGC 1566	Harvard College Observatory
102	M 106	James Wray, McDonald Observatory, University of Texas
103	M 94	Kitt Peak National Observatory
104	NGC 4151	Hale Observatories
105, 106	NGC 253	Hale Observatories
107	NGC 2146	Cerro Tololo Inter-American Observatory
108	NGC 2685	Kitt Peak National Observatory
109	M 51 und NGC 5195	Kitt Peak National Observatory
110	M 51	James Wray, McDonald Observatory, University of Texas
111	M 81	Hale Observatories
112	M 81 und M 82	Hale Observatories
113	M 81 und M 82 (Radiokarte)	S. T. Gottesman, University of Florida, und L. Weliachen, Madon Observatory
114	M 82	Hale Observatories
115	M 82	Hale Observatories
116	NGC 4631	Kitt Peak National Observatory
117	NGC 4631	James Wray, McDonald Observatory, University of Texas
118	NGC 5426/27	Lick Observatory
119	NGC 2207/IC 2163	Vera Rubin, Cerro Tololo Inter-American Observatory
120	NGC 4567/68	Laird A. Thompson, Kitt Peak National Observatory
121	Stephans Quintett	Hale Observatories
122	NGC 4038/39	Hale Observatories
Abb. 9	NGC 2623	Hale Observatories
123	Object RG 33 No. 754	European Southern Observatory
124	NGC 2535/36	Halton Arp, Hale Observatories
125	NGC 7753/52	Halton Arp, Hale Observatories
126	NGC 5216/18	Halton Arp, Hale Observatories
127	IC 1505	Halton Arp, Hale Observatories
128	NGC 70	Halton Arp, Hale Observatories
129	NGC 2275/2300	Halton Arp, Hale Observatories
130	NGC 4438	Halton Arp, Hale Observatories
131	NGC 5544/45	Halton Arp, Hale Observatories
132	NGC 4676	Halton Arp, Hale Observatories
133	Arp 273	Halton Arp, Hale Observatories
134	NGC 5566/60/69	Halton Arp, Hale Observatories
135	NGC 5221/22/26	Halton Arp, Hale Observatories
136	Wagenrad Ring-Galaxie	Royal Observatory, Edinburgh
137	Coma-Galaxienhaufen	Laird A. Thompson, Kitt Peak National Observatory
138	Virgohaufen	Kitt Peak National Observatory
139	Perseushaufen	Kitt Peak National Observatory
140	Herkuleshaufen	Alan Dressler, Hale Observatories
141	Entfernter Haufen Abell 370	Barry Newell und W. J. Couch, Australian National University
142	Shane-Wirtanen-Galaxienkarte	M. Seldner, B. Siebers, E. J. Groth, und P. J. E. Peebles
143	Quasar 3 C 273	High Energy Astrophysics Division, Harvard-Smithsonian Center for Astrophysics

AUSGEWÄHLTE BIBLIOGRAPHIE

Bücher über Galaxien und verwandte Themen von allgemeinem Interesse

Abott, Edwin A. *Flatland.* Dover Publications. New York, 1952
Allen, Richard Hinckley: *Star Names Their Lore and Meaning.* Dover Publications, New York, 1963
Asimov, Isaac: *Die schwarzen Löcher.* Kiepenheuer und Witsch, Köln, 1979
Becker, F.: *Geschichte der Astronomie.* Bibliographisches Institut, Mannheim, 1968
Berendzen, Richard Heart, und Seeley, Daniel: *Man Discovers the Galaxies.*Science History Publications, New York, 1976
Berry, Adrian: *Die eiserne Sonne.* Econ, Wien, Düsseldorf, 1981
Bok, Bart J., und Bok, Priscilla F.: *The Milky Way.* Harvard University Press, Cambridge, Mass., 1974
Bondi, Hermann: *Relativity and Common Sense.* Anchor/Doubleday, Garden City, N. W., 1964
Budeler, Werner: *Faszinierendes Weltall.* Deutsche Verlagsanstalt, Stuttgart, 1981
Calder, Nigel: *Schlüssel zum Universum.* Hoffman und Campe, Hamburg, 1981
Ferris, Timothy: *The Red Limit. The Search for the Edge of the Universe.* William Morrow & Co., New York, 1977
Ferris, Timothy: *Die rote Grenze.* Auf der Suche nach dem Rand des Universums. Birkhäuser, Basel, Boston, Stuttgart, 1982
Fritzsch, Harold: *Quarks.* Piper, München, Zürich, 1981
Golden, Frederic: *Quasars, Pulsars and Black Holes.* Pocket Books, New York, 1977
Handbuch für Sternenfreunde. *Wegweiser für die praktische astronomische Arbeit.* Hrsg.: G. D. Roth, 3. überarb. u. erw. Aufl. Springer-Verlag, Berlin, Heidelberg, New York, 1981
Heckmann, Otto: *Sterne – Kosmos – Weltmodelle.* Piper, München, Zürich, 1977
Herrmann, Joachim: *Großes Lexikon der Astronomie.* Mosaikverlag, München, 2. überarb. und aktuallisierte Auflage 1982
Hoyle, Fred: *Galaxies. Nuclei and Quasars.* Harper and Row Publishers, New York, 1965
Kippenhahn, Rudolf: *100 Milliarden Sonnen.* Piper, München, Zürich, 1980
Maffei, Paolo: *Beyond the Moon.* MIT Press Cambridge, Mass., 1978
Mitton, Simon: *Cambridge-Enzyklopädie der Astronomie.* Lexikothek, Gütersloh, 1978
Mitton, Simon: *Die Erforschung der Galaxien.* Springer, Berlin, Heidelberg, New York, 1976
Moore, Patrick: *Der große Krüger Atlas des Weltalls.* Krüger, Wolfgang, Frankfurt, 1980
Moore, Patrick: *The Amateur Astronomer.* W. W. Norton & Co, New York, 1968
Page, Thornton, und Page, Lou Williams: *Beyond the Milky Way Galaxies. Quasars, and the New Cosmology.* The Macmillan Company, New York, 1969
Page, Thornton, und Page, Lou Williams: *Stars and Clouds of the Milky Way. The Structure and Motion of Our Galaxy.* The Macmillan Company, New York, 1968
Reeves, Hubert: *Woher nährt der Himmel seine Sterne?* Birkhäuser, Basel Boston, Stuttgart, 1983
Rood, Robert T. und Trefil, James S.: *Sind wir allein im Universum?* Birkhäuser, Basel, Boston, Stuttgart, 1982
Russell, Bertrand: *Das ABC der Relativitätstheorie.* Rowohlt TB, Reinbek, 1972
Scientific American: *New Frontiers in Astronomy.* W. H. Freeman and Company, San Francisco, 1975
Schaifers, Karl: *Geschwister der Sonne.* Hoffmann und Campe, Hamburg, 1976
Schaifers, K. und Traving, G.: *Meyers Handbuch über das Weltall.* Bibl. Inst. Mannheim, Wien, Zürich, 1973
Shapley, Harlow: *Galaxies.* Harvard University Press, Cambridge, Mass. 1972
Sticker, B.: *Bau und Bildung des Weltalls.* Herder, Freiburg, Basel, Wien, 1967
Sullivan, Walter: *Am Rande des Raums, am Ende der Zeit, Schwarze Löcher.* Umschau, Frankfurt, 1979
Weinberg, Steven: *Die ersten drei Minuten.* Piper, München, Zürich, 1979
Whitney, Charles A.: *The Discovery of Our Galaxy.* Alfred A. Knopf, New York, 1971

Fachbücher

Abetti, Giorgio, und Hack, M.: *Nebulae and Galaxies.* Thomas Y.Crowell Co., New York, 1964
Baade, Walter: *Evolution of Stars and Galaxies.* MIT Press, Cambridge, Mass., 1975
Berkhuijsen, Elly M., und Wielebinski, Richard: *Structure and Properties of Nearby Galaxies.* D. Reidel Publishing Company, Boston, 1978
Clark, David H., und Stephenson, F. Richard: *The Historical Supernovae.* Pergamon Press, Oxford, 1977
Dickens, R. J., und Perry, Joan E.: *The Galaxy and the Local Group* (Royal Greenwich Oberservatory Bulletin Nr. 182). Royal Greenwich Observatory, Herstmonceux, 1976
Einstein, Albert: *Grundzüge der Relativitätstheorie:* Vieweg & Sohn, Wiesbaden, 1979
Einstein, Albert: *Über die spezielle und die allgemeine Relativitätstheorie.* Vieweg & Sohn, Wiesbaden, 1979
Hazard, C., und Mitton, S.: *Active Galactic Nuclei.* Cambridge University Press, Cambridge, 1979
Hodge, Paul W.: *The Physics and Astronomy of Galaxies and Cosmology.*McGraw-Hill Book Company, New York, 1966
Lang, Kenneth R., und Gingerich, Owen: *A Sourcebook in Astronomy and Astrophysics, 1900–1975.* Harvard University Press, Cambridge, Mass. 1979
Longair, M. S., und Einasto, J.: *The Large Scale Structure of the Universe* (IAU Symposium Nr. 79). D. Reidel Publishing Company, Boston, 1978
Middlehurst, Barbara M., und Aller, Lawrence H.: *Nebulae and Interstellar Matter* (volume 7 of Stars and Stellar Systems), University of Chicago Press, Chicago, 1968
North, J. D.: *The Measure of the Universe. A History of Modern Cosmology*.Oxford University Press, Oxford, 1955
O'Connell, D. J. K.: *Study Week on Nuclei of Galaxies.* North-Holland Publishing Co., 1971
Payne-Gaposchkin, Cecilia: *Stars and Clusters.* Harvard University Press, Cambridge, 1979
Sandage, Allan, Sandage, Mary, und Kristian, Jerome: *Galaxies and the Universe* (volume 9 of Stars and Stellar Systems). University of Chicago Press, Chicago, 1975
Setti, Giancarlo: *Structure and Evolution of Galaxies.* D. Reidel Publishing Company, Boston, 1975
Shakescraft, John: *The Formation and Dynamics of Galaxies* (IAU Symposium Nr. 58). D. Reidel Publishing Company, Boston, 1974
Shapley, Harlow: *The Inner Metagalaxy.* Yale University Press, New Haven, 1957
Shapley, Harlow: *Sourcebook in Astronomy, 1900–1950.* Harvard University Press, Cambridge, 1960
Shklovskii, Iosif, S.: *Stars: Their Birth, Life and Death.* W. H. Freeman & Co, San Francisco, 1978
Shklovskii, Iosif S.: *Supernovae.* John Wiley and Sons, New York, 1968

Tayler, R. J.: *Galaxies: Structure and Evolution.* Crane, Russak and Company, New York, 1978
Tinsley, Beatrice M., und Larson, Richard B.: *The Evolution of Galaxies and Stellar Populations.* Yale University Observatory, New Haven, 1977
Unsold, Albrecht: *Der neue Kosmos.* Springer, Berlin Heidelberg, New York, 1974
Woltjer, Lodewijk: *Galaxies and the Universe.* Columbia University Press, New York, 1968

Zeitschriften

Annual Review of Astronomy and Astrophysics:. Annual Reviews Inc., Palo Alto, Calif.
Astronomical Journal. American Institute of Physics, New York
Astronomische Nachrichten. Akademie Verlag, Berlin
Astronomy. Astro Media Corp, Milwaukee, Wisconsin
Astronomy and Astrophysics. Springer, Berlin, Heidelberg, New York
The Astrophysical Journal. University of Chicago Press, Chicago
Bild der Wissenschaft. Deutsche Verlags-Anstalt, Stuttgart
Cosmic Search. Cosmic-Quest Inc., Delaware, Ohio
Journal of the Royal Astronomical Society. Blackwell Scientific Publications, Oxford
Journal of the Royal Astronomical Society of Canada. Royal Astronomical Society, Toronto
Kosmos. Franckh'sche Verlagshandlung, Stuttgart
Mercury. Astronomical Society of the Pacific, San Francisco
Monthly Notices of the Royal Astronomical Society. Blackwell Scientific Publications, Oxford
Die Naturwissenschaften. Springer, Berlin, Heidelberg, New York
Orion. Schweizerische Astronomische Gesellschaft, Luzern
Publications of the Astronomical Society of the Pacific. Astronomical Society of the Pacific, San Francisco
Scientific American. Scientific American Inc., New York
Sky & Telescope. Sky Publishing Corp., Cambridge, Mass.
Soviet Astronomy. American Institute of Physics, New York
Spaceflight. The British Interplanetary Society, London
Spektrum der Wissenschaft. Verlag Spektrum der Wissenschaft, Heidelberg
Star & Sky. Star & Sky Magazine, Westport, Conn.
Die Sterne. Joh. Ambr. Barth, Leipzig
Sterne & Weltraum. Verlag Sterne & Weltraum, Düsseldorf
Der Sternenhimmel. Sauerländer, Aarau
Die Umschau. Umschau Verlag, Frankfurt
Vistas in Astronomy. Pergamon Press, New York

Lehrbücher

Abell, George: *Exploration of the Universe.* Holt, Rinehart and Winston, New York, 1975
Field, George B., Verschuur, Gerrit L., und Ponnamperuma, Cyril: *Cosmic Evolution. An Introduction to Astronomy.* Houghton Mifflin Co., Boston 1978
Giese, Richard-Heinrich: *Einführung in die Astronomie.* Wissenschaftliche Buchgesellschaft, Darmstadt, 1981
Hartmann, William K.: *Astronomy. The Cosmic Journey.* Wadsworth Publishing Company, Belmont, Calif. 1978
Motz, Lloyd, und Duveen, Anneta: *Essentials of Astronomy.* Columbia University Press, New York, 1977
Roy, A. E., und Clarke, D.: *Astronomy. Structure of the Universe.* Crane, Russak and Company, New York, 1977
Scheffler, H. und Elsässer, H.: *Physik der Sterne.* Bibliographisches Institut, Mannheim, 1974
Voigt, H. H.: *Abriß der Astronomie.* Bibliographisches Institut, Mannheim, 1975
Waldmeier, Max: *Einführung in die Astrophysik.* Birkhäuser, Basel, Boston, Stuttgart, 1948

Sternkataloge und -atlanten

Arp, Halton: *Atlas of Peculiar Galaxies.* California Institute of Technology, Pasadena, 1978
Becvar, Antonin: *Atlas of the Heavens.* Sky Publishing Corp, Cambridge, Mass., 1962
Becvar, Antonin: *Atlas of the Heavens – II Catalogue.* Sky Publishing Corp., Cambridge, Mass. 1964
Norton, Arthur P., und Gall Inglis, J.: *Norton's Star Atlas and Reference Handbook.* Sky Publishing Corp., Cambridge, Mass.
Rey, H. A.: *The Stars. A New Way to See Them.* Houghton Mifflin, Boston, 1967
Salentic, Jac W., und Tifft, William G.: *The Revised New General Catalogue of Nonstellar Astronomical Objects.* University of Arizona Press, Tucson, 1973
Sandage, Allen: *The Hubble Atlas of Galaxies.* Canergie Institution of Washington, Washington D. C., 1961
Schurig, Götz: *Himmelsatlas.* Bibliographisches Institut, Mannheim, 1960
de Vaucouleurs, Gérard, und de Vaucouleurs, Antoinette: *Reference Catalogue of Bright Galaxies.* University of Texas Press. Austin, 1964
de Vaucouleurs, Gérard, und de Vaucouleurs, Antoinette: *Second Reference Catalogue of Bright Galaxies.* University of Texas Press, Austin, 1976
Vehrenberg, Hans: *Photographischer Sternatlas.* Treugesell, Düsseldorf, 1972
Zwicky, F., Herzog, E., und Wild, P.: *Catalogue of Galaxies and Clusters of Galaxies.* Caltech University Press, Pasadena, 1960–1968

Quellen der Zitate

Blyth, R. H.: *Zen and Zen Classics.* Hokuseido Press, 1964
Horaz: *Episteln.* Bange, Hollfeld
Johnson, Ben: *The Vision of Delight,* in ‹Auden, W. H., und Pearson, N. H., Medieval and Renaissance Poets› Penguin Books, New York, 1978
Juliana von Norwich: *Offenbarungen von göttlicher Liebe.* Johannesverlag, Einsiedeln, 1960
Lao-tse: *Daudedsching.* dtv, München, 1980
Lucrez: *De rerum natura.* Reclam, Stuttgart, 1973
Milton, John: *Das verlorene Paradies.* Reclam, Stuttgart
Sagan, Carl: *Signale der Erde. Unser Planet stellt sich vor.* Droemer, München, 1980
Shakespeare, William: *Romeo und Julia.* Birkhäuser, Basel, Boston, Stuttgart, 1950
Waley, Arthur: *Lebensweisheit im Alten China.* Suhrkamp, Frankfurt, 1974
Wilder, Thornton: *Unsere kleine Stadt.* Fischer TB, Frankfurt, 1980

Photographien

Über folgende Adressen können Photographien, Drucke, Abzüge, Dias, Folien und in einigen Fällen auch Posters von Galaxien und anderen astronomischen Objekten bezogen werden:
European Southern Observatory, Garching bei München
Hale Observatories, Pasadena, California
Kitt Peak National Observatory, Tucson, Arizona
Lick Observatory, University of California, Santa Cruz, California
United States Naval Observatory, Washington, D. C.

GLOSSAR

Es ist nicht leicht, das Meer
mit dem Mund zu beschreiben
Kokyū

Die in der Astronomie gebräuchlichen Begriffe können Laien verwirren und auch für den Fachmann gelegentlich alles andere als klar sein. Manchmal wird ein Wort für mehr als ein Objekt gebraucht. Astronomen sprechen von interstellaren ‹Wolken› aus Gas und Staub, aber die Magellanschen Wolken beispielsweise sind Galaxien, und der Ausdruck ‹Wolke› kann auch einen Galaxienhaufen bezeichnen. Manchmal werden einem einzigen Objekt verschiedene Namen gegeben, wenn wir etwa offene Sternenhaufen ‹galaktische› Haufen nennen oder wenn die Lokale Gruppe der Galaxien nicht eine Gruppe, sondern einen Haufen bezeichnet. Andererseits kann ein einziger Gegenstand viele Namen haben. Zum Beispiel verdankt die riesige Galaxie M87 ihren Namen dem Sternkatalog von Charles Messier aus dem achtzehnten Jahrhundert, aber sie ist auch unter dem Namen NGC4486 des ‹New General Catalogue› von 1888 bekannt und als 3C274 nach dem ‹Third Cambridge Catalogue of Radio Sources›und als Virgo A, womit besonders darauf hingwiesen wird, daß es die größte Radioenergiequelle im Sternbild der Jungfrau ist.

Mißverständliche Namen gibt es übergenug. Viele ergaben sich aus irrtümlichen ersten Eindrücken oder falschen Annahmen, ähnlich wie die Ureinwohner Amerikas zu Kolumbus Zeit den Namen ‹Indianer› erhielten. ‹Quasare› heißen so, weil sie auf den ersten Blick ‹quasi-stellar› erscheinen. Als es sich zeigte, daß sie wahrscheinlich keine Sterne, sondern vielmehr Kerne entfernter Galaxien sind, hatte sich der Name eingebürgert, und es war zu spät, ihn zu ändern. Die ‹planetarischen› Nebel sind Gashüllen, die von alternden Sternen in den Raum geschleudert werden, entgegen dem ersten Eindruck sind sie so unplanetarisch, wie etwas nur sein kann.

Ich habe versucht, den technischen Wortschatz so klein wie möglich zu halten, und in einem Fall habe ich absichtlich wichtige Information weggelassen, um ein einfaches Bild malen zu können, in den ‹Reiseteilen› habe ich vieles unterdrückt, das sich, wie die Blauverschiebung der Galaxien vor uns und die Rotverschiebung hinter uns, auf die Entstellung der Sichtweise durch den relativistischen Raumflug ergibt, um die Aufmerksamkeit mehr auf die Galaxien als auf die Auswirkungen der Raumfahrt zu richten. Technisch orientierte Leser werden gebeten, diese Unterlassung zu verzeihen.

Jene Leser, die über technische Begriffe ungehalten sind, werden gebeten, dieses Glossar zu benutzen, um mit dem wenigen, das sich als unvermeidlich herausgestellt hat, besser umgehen zu können und sich mit dem Gedanken zu trösten, daß die Bezeichnungen der Galaxien wie die lateinischen Pflanzennamen nichts als menschliche Erfindungen sind und dem, was sie bezeichnen, unbekannt bleiben.

A. Bezeichnet die stärkste Radioenergiequelle in einem Sternbild wie bei Cygnus A oder Centaurus A.

Anomale Galaxien. Galaxien, die in keine der Kategorien, in die Galaxien nach ihrer Struktur geordnet werden, passen, die also weder spiralig noch elliptisch noch SO oder unregelmäßig sind.

Äquator, galaktischer. Die Ebene der Scheibe des Milchstraßensystems. Der Erdäquator ist 63 Grad zum galaktischen Äquator geneigt.

Arp. Bezeichnet Galaxien, die im *Atlas of Peculiar Galaxies* des Astronomen Halton Arp verzeichnet sind.

Atom. Die kleinste Einheit der Materie eines chemischen Elements. Atome können in subatomare Teilchen zerlegt werden, aber dann verlieren sie die chemischen Eigenschaften, die das Element kennzeichnen. Das Repertoire an möglichen chemischen Wechselwirkungen wird ungeheuer vergrößert, wenn Atome zu Molekülen zusammengesetzt werden. Viele Molekülarten und Atome finden sich frei im Raum.

Atomkern. Die Mitte eines Atoms, um die herum Elektronenwolken schwirren. Beträchtliche Energiemengen werden benötigt, um die Teilchen des Kerns zu binden. Spaltungsreaktoren und die Atombombe arbeiten mit der Energie, die frei wird, wenn der Atomkern zerbrochen wird. Wasserstoffbomben und Sterne setzen noch mehr Energie frei, indem sie Kerne miteinander verschmelzen.

Aufflackernde Sterne. Schwache Zwergsterne, die plötzliche unregelmäßige Energieausbrüche erleben. Sie sind wahrscheinlich Sterne, die sich vor kurzem gebildet haben und die noch nicht ihr Gleichgewicht zwischen der Gravitationskraft, die dazu neigt, sie zusammenzuziehen, und dem Strahlungsdruck, der dazu neigt, sich gegen einen Zusammenbruch zu wehren, gefunden haben.

Balkenspirale. Eine Spiralgalaxie, die durch ein balken- oder spindelförmiges Gebiet gekennzeichnet ist, das reich an Sternen und interstellarem Material ist und seitlich aus dem Zentralbereich herausragt. Der Balken wird wahrscheinlich durch dynamische Wechselwirkung im Gravitationsfeld in der Umgebung der Galaxie erzeugt. Die meisten Spiralnebel zeigen zumindest Ansätze eines Balkens. Die, bei denen dieses Kennzeichen deutlich ausgeprägt ist, werden ‹Balkenspiralen› genannt.

Binäre Galaxien. Ein durch Gravitation zusammengehaltenes Galaxienpaar. Normalerweise umlaufen sie friedlich ihren gemeinsamen Schwerpunkt, aber gelegentlich kommt eine der anderen zu nahe und ruft dadurch aufsehenerregende Veränderungen ihrer Struktur hervor. Die Milchstraße und der Andromedanebel bilden ein binäres Paar.

Breite, galaktische. Koordinaten, die in Grad gemessen werden und den Abstand von der Ebene des Milchstraßensystems angeben.

C. Bezeichnet Radioquellen, die in einem der ‹Cambridge Catalogues of Radio Sources› verzeichnet sind. Die Kataloge sind numeriert durch die Zahl, die vor der Buchstabenbezeichnung steht. 3C273 bedeutet also, daß das Objekt – in diesem Fall ein Quasar – im dritten Cambridge-Katalog die Nummer 273 hat.

Cepheiden – veränderlicher Stern. Ein pulsierender Überriese, dessen Helligkeit sich verändert. Es gibt verschiedene Klassen von Cepheiden, die für den Astronomen alle wertvoll sind, weil die Zeit, die sie für eine Helligkeitsschwankung brauchen, direkt mit ihrer wahren Helligkeit zusammenhängt. Ein Astronom, der die Entfernung einer nahen Galaxie messen möchte, kann die Periode der Veränderlichkeit von Cepheiden in dieser Galaxie messen, daraus ihre Leuchtkraft ableiten, diese mit ihrer scheinbaren Helligkeit am Himmel vergleichen – die Regel ist, daß die scheinbare Helligkeit eines Sternes mit dem Quadrat der Entfernung abnimmt – und so die Entfernung des Sterns und seiner Galaxie bestimmen. Cepheiden sind hell genug, um mit unseren Teleskopen in Galaxien bis zu einer Entfernung von etwa 10 Millionen Lichtjahren aufgefunden zu werden. Der Polarstern ist ein Cepheiden-Veränderlicher.

Dichtewelle. In Spiralgalaxien ist dies eine Welle, die sich durch die interstellaren Massen in einem Spiralmuster fortpflanzt. Die Welle beschleunigt den Kollaps interstellarer Wolken zu neuen Sternen, die Sterne wiederum erleuchten das sie umgebende interstellare Material und lassen uns dadurch die Erscheinung, die wir Spiralarme nennen, sehen. Man nimmt an, daß die Dichtewelle durch Resonanzen in der Gravitationswechselwirkung der Sterne einer Galaxie erzeugt wird, während sie auf ihren Bahnen laufen.

Diffuse Nebel. Siehe *Nebel.*

Dopplerverschiebung. Eine scheinbare Verschiebung der Wellenlängen des Lichts oder anderer Strahlung, die von einem Körper kommt, der sich relativ zum Beobachter bewegt. Wenn der Körper sich nähert, wird sein Licht zusammengedrückt, und seine Wellenlänge erscheint kürzer, als wenn er in Ruhe ist. Wenn er sich entfernt, ist es gerade umgekehrt, und das Licht ist zu längeren Wellenlängen oder zum roten Ende des Spektrums hin verschoben. Rotverschiebung im Licht entfernter Galaxien weist darauf hin, daß das Universum sich ausdehnt.

Dunkelnebel. Siehe *Nebel.*

Elektron. Ein negativ geladenes, subatomares Teilchen, das, wenn man es in einem Atom findet, den Kern umläuft.

Elektromagnetisches Spektrum. Siehe *Spektrum.*

Elliptische Galaxie. Eine Galaxie, deren Sterne sich in einem elliptischen Raumbereich befinden. Im Unterschied zu den flachgedrückten Spiralen haben die elliptischen Galaxien keine Scheibe, keine Spiralarme und verhältnismäßig wenig interstellares Material. Ihre Form variiert zwischen fast kugelig und fast zigarrenförmig.

Entarteter Stern. Ein Stern, der den größten Teil seiner Kernenergie aufgebraucht hat und zu einem Zustand hoher Dichte zusammengefallen ist.

Ereignishorizont. Das Grenzgebiet des Bereiches um ein schwarzes Loch herum, aus dem keine Masse und kein Licht und keine irgendwie geartete Information herauskommen können.

Galaktischer Kern. Siehe *Kern einer Galaxie.*

Galaktischer Sternhaufen. Siehe *Sternhaufen, galaktischer.*

Galaxie. Eine gewaltige Ansammlung von Sternen und interstellarem Gas und Staub. Die Massen der Galaxien variieren zwischen etwa 10 Millionen Sonnenmassen, möglicherweise bis zu 10 000 Milliarden Sonnenmassen.

Galaxis. Bezeichnung für unser Milchstraßensystem. Siehe *Milchstraße.*

Gammastrahlen. Die energiereichste Form elektromagnetischer Strahlung von äußerst hoher Frequenz und kurzer Wellenlänge. Siehe *Spektrum.*

Gasnebel. Siehe *Nebel.*

Globule. Ein dunkler Ball aus interstellarem Gas und Staub, wie sie oft in der Nähe von Nebeln, in denen sich Sterne bilden, gefunden werden. In vielen Fällen scheinen Globule im Begriff zu sein, zusammenzufallen und dabei einen neuen Stern zu bilden. Sie sind als Staubbälle beschrieben worden, die sich in den Wirbeln einer zusammenfallenden Wolke zusammenrollten.

Gravitation. Die allgemeine Anziehung zwischen Materieteilchen. Siehe *Schwere* und *Relativität.*

Größenklasse. Die Helligkeit eines Sterns oder eines anderen astronomischen Objekts, wie sie auf einer logarithmischen Skala verzeichnet wird. Ein Unterschied von fünf Größenklassen bedeutet einen 100fachen Unterschied in der Leuchtkraft, während ein Unterschied von nur einer Größenklasse einen Unterschied in der Leuchtkraft von 2,5 bedeutet. Objekte, die heller sind als die nullte Größenordnung, werden mit negativen Zahlen bezeichnet. Die scheinbare Größenklasse von Sirius, dem nach der Sonne hellsten Stern am irdischen Himmel, ist –1,47; der Polarstern hat eine Größenklasse von 2, und die schwächsten Sterne, die mit bloßem Auge zu erkennen sind, gehören etwa zur sechsten Größenklasse. Große Teleskope können Objekte der vierundzwanzigsten Größenklasse oder sogar noch schwächere entdecken.

Gruppe. Ein kleiner Galaxienhaufen.

H-II-Gebiet. Eine helle Wolke vorwiegend aus Wasserstoffgas, das glüht, weil seine Atome die Energie naher Sterne aufgenommen haben und so wie bei Neonlicht wieder absrahlen. Normalerweise sind dies Gebiete, in denen neu gebildete Sterne Energie in die sie umgebenden Wolken ergießen, aus denen sie entstanden sind. In diesem Buch bezeichnen wir die H-II-Gebiete mit dem umfassenderen Namen ‹helle Nebel›. Siehe *Nebel,* auch *Wasserstoff.*

Halo. Eine ringförmige Zone um eine Galaxie herum, die von alten Sternen, Kugelsternhaufen und Gaswolken besetzt ist. Sie wird auch Korona genannt.

Haufen. Eine Ansammlung vieler durch die Gravitation verbundener Galaxien. Die Gravitationsbande eines Galaxienhaufens sind stark genug, diese Ansammlung trotz der Ausdehnung des Universums zusammenzuhalten; die Ausdehnung geschieht also nicht innerhalb des Haufens, sondern in den Räumen zwischen den Haufen.

Heftige Galaxie. Eine Galaxie, die ungewöhnlich viel Energie erzeugt und aussendet. Etwa ein Prozent der Hauptgalaxien fallen in diese Kategorie. Sie werden auch explodierende Galaxien genannt, diese Bezeichnung ist etwas irreführend, weil sie vermuten läßt, daß die Galaxie auseinanderfliegen könnte. Eine heftige Galaxie sendet aber höchstens kleine Teile ihrer Masse in den intergalaktischen Raum hinaus.

Helium. Nach Wasserstoff das einfachste und häufigste Element im Kosmos.

Helle Nebel. Siehe *Nebel.*

Helligkeit, scheinbare. Die Helligkeit, mit der ein Stern am Himmel erscheint, siehe *Größenklasse.*

Hubblekonstante. Ein Maß für die Ausdehnungsgeschwindigkeit des Universums. Neue Schätzungen ergeben für die Hubblekonstante 50 Kilometer pro Sekunde pro Megaparsec. Dies bedeutet, daß für jedes Megaparsec (d. h. 3,26 Millionen Lichtjahre), das man weiter in den Raum hinaussieht, die Galaxien sich mit einer zusätzlichen Geschwindigkeit von 50 Kilometern in der Sekunde entfernen.

Hubblesches Gesetz. Die Regel, daß Licht entfernter Galaxien in einem Maß rotverschoben ist, das ihrer Entfernung proportional ist. Das Gesetz wurde 1929 von Edwin Hubble entdeckt und gab den ersten Hinweis auf eine Ausdehnung des Universums. Das Hubblesche Gesetz gilt nicht innerhalb von Galaxienhaufen, die durch die Schwerkraft zusammengehalten werden und dadurch vor der Ausdehnung des Weltalls geschützt sind. Es kommt aber im Bereich des ‹reinen Hubbleflusses› zwischen Superhaufen von Galaxien ins Spiel.

IC. Bezeichnet Objekte, die im ‹Index-Catalogue› verzeichnet sind, der ein Ergänzungsband des *New General Catalogue* ist.

Infrarotes Licht. Elektronenstrahlung, die gerade an der niedrigfrequenten Seite des sichtbaren Lichts im elektromagnetischen Spektrum, der Wärme, liegt. Junge Sterne, die noch in die Wolken gewickelt sind, aus denen sie entstanden, können manchmal im infraroten Bereich beobachtet werden. Siehe *Spektrum.*

Interstellares Medium. Materie, die in den Räumen zwischen Sternen gefunden wird. In einer normalen Galaxie wie der unseren besteht das interstellare Medium hauptsächlich aus Wasserstoff- und Heliumgas, Spuren komplizierterer Atome, Molekülen und Staub, der durch die Explosion sterbender Sterne dazukam.

Kern einer Galaxie, galaktischer Kern. Die Mitte einer Galaxie. Galaktische Kerne sind gewöhnlich klein und hell. Ihr Wesen ist uns noch ziemlich unbekannt. Vermutungen über die Anatomie galaktischer Kerne erstrecken sich von dichten Sternhaufen bis zu schwarzen Löchern.

Kernfusion. Siehe *Atomkern.*

Kernspaltung. Siehe *Atomkern.*

Korona. Siehe *Halo.*

Kosmische Strahlung. Geladene subatomare Teilchen – meistens Protonen – durchstreifen mit einer Geschwindigkeit, die der Lichtgeschwindigkeit nahekommt, den Raum. Von Eruptionen auf der Oberfläche der Sonne weiß man, daß sie, wie auch die Supernovae, kosmische Strahlen erzeugen können, aber man glaubt auch, daß es noch andere, bis heute unbekannte Quellen gibt.

Kosmologie. Das Studium der Struktur und der Geschichte des Universums im großen. Man unterscheidet zwischen theoretischer Kosmologie, die sich über die mathematischen und physikalischen Möglichkeiten Gedanken macht, wie das Universum gebaut sein könnte, und der beobachtenden Kosmologie, die astronomische Daten, wie sie für kosmologische Fragen wichtig sind, sammelt. In der Praxis tragen Astronomen, Astrophysiker, Mathematiker und Theoretiker, die auf vielen verschiedenen Gebieten arbeiten und eine Vielfalt von Methoden benutzen, Wesentliches bei.

Kosmos. Eine Bezeichnung für das Universum, die die zugrundeliegende Struktur alles Geschaffenen betont. Das Wort kommt vom griechischen Wort ‹kosmos›, das Ordnung bedeutet.

Kugelsternhaufen. Siehe *Sternhaufen.*

Länge, galaktische. Koordinaten in Grad, die von der galaktischen Mitte im Sternbild des Schützen in der galaktischen Ebene nach Osten gemessen werden.

Lichtjahr. Die Entfernung, die das Licht in einem Jahr zurücklegt. Die Lichtgeschwindigkeit im Vakuum beträgt ungefähr 300 000 Kilometer in der Sekunde, also entspricht ein Lichtjahr etwa $8{,}7 \times 10^{12}$ oder knapp 9000 Milliarden Kilometer.

Linse. Siehe *Zentralbereich.*

Linsenförmige Galaxie. Siehe *S0-Galaxie.*

M. Bezeichnet Objekte, die im Katalog von Charles Messier verzeichnet sind, der erstmals 1781 veröffentlicht wurde. Messier, ein ‹Kometenjäger›, verzeichnete in seinem Katalog alle etwas verschwommen aussehenden Objekte, die für einen Kometen gehalten werden konnten. So enthält der Katalog eine Vielfalt von hellen und dunklen Nebeln, offenen Sternhaufen und Kugelhaufen, planetarischen Nebeln und Galaxien.

Masse. Die gesamte Materiemenge eines Körpers. In diesem Buch werden die Massen der Galaxien oft durch die Sternpopulation angegeben, zum Beispiel so, daß von einer Galaxie gesagt wird, sie enthielte 100 Milliarden Sterne von der Art der Sonne. Das setzt voraus, daß die Sonne ein Stern mit einer typischen Masse ist – eine nicht sehr unwahrscheinliche Annahme. Aber wenn Galaxien gewöhnlich viele Zwergsterne mit kleiner Masse enthalten, die so schwach sind, daß sie bis jetzt noch nicht beobachtet werden konnten, wie viele Astronomen glauben, dann enthielte eine Galaxie mit einer Masse, die das 100milliardenfache der Sonne beträgt, tatsächlich viel mehr als 100 Milliarden Sterne.

Mikrowellen. Siehe *Spektrum.*

Milchstraße. Unsere Ansicht von der Scheibe unserer Galaxis, ein sanft schimmerndes Band von Sternenlicht, das sich über den Himmel erstreckt. Gelegentlich meinen wir damit auch unsere Galaxie im ganzen, die in diesem Buch aber meistens Galaxis oder Milchstraßensystem genannt wird.

Nebel. Ursprünglich jeder verschwommene Lichtfleck am Himmel. Zu diesem Überbegriff gehören eine große Anzahl sehr verschiedener Objekte. Einige sind Gaswolken, die durch heiße Sterne in ihrem Inneren zum Glühen gebracht worden sind. Sie werden in diesem Buch ‹ helle Nebel› genannt. Astrophysiker nennen sie H-II-Gebiete, bezeichnen sie also mit dem chemischen Symbol für ionisierten Wasserstoff. Andere helle Nebel bestehen aus Gas, das als planetarische Nebel von sterbenden Sternen oder im Fall heftigerer Sternausbrüche als Supernova-Reste ausgeworfen wurde. H-II-Gebiete, Supernova-Reste und planetarische Nebel werden von Astronomen unter dem Namen ‹Gasnebel› zusammengefaßt. Interstellare Wolken, die nicht mit ihrem eigenen Licht leuchten, sondern Sternlicht reflektieren, werden ‹diffuse› oder ‹Reflexionsnebel› genannt. Wolken, die überhaupt nicht leuchten, heißen ‹Dunkelwolken›. Zu der Fülle der Bedeutungen, die dieses eine Wort hat, kommt noch, daß Galaxien zu einer Zeit, als sie noch nicht mit Teleskopen in Sterne aufgelöst werden konnten, auch zu den Nebeln gezählt wurden. Heute noch ist der veraltete Ausdruck ‹Spiralnebel› für eine Spiralgalaxie gebräuchlich.

Neutronenstern. Ein entarteter Stern, der zu äußerst hoher Dichte zusammengefallen ist. Ein Neutronenstern mit Sonnenmasse würde einen Durchmesser von nur 18 Kilometern haben. Von Pulsaren glaubt man, sie seien Neutronensterne, die vor allem im Radiobereich Energie aussenden, während sie sich um sich selbst drehen; die Energie bewegt sich auf Spirallinien durch das magnetische Feld des Pulsars nach außen wie der Strahl aus einem Rasensprenger und sieht für einen außenstehenden Beobachter wie ein Pulsschlag aus, der jedesmal, wenn der Strahl vorbeikommt, gespürt wird.

NGC. Bezeichnet Gegenstände, die im ‹New General Catalogue of Nonstellar Astronomical Objects› verzeichnet sind.

Nova. Ein Sternausbruch, heftig genug, die Helligkeit des Sternes für kurze Zeit dramatisch zu vergrößern, und doch so milde, daß er einen funktionierenden Stern zurückläßt. Novae wurden von der verstorbenen Cecilia Payne-Gaposchkin von der Universität Harvard so beschrieben: ‹Wahrscheinlich sehr alte Sterne, die einem unhaltbaren Zustand auf drastische Art zu entkommen suchen, wenn sie sich nicht länger selbst in der Art erhalten können, wie sie es gewohnt sind.›

Offene Sternhaufen. Siehe *Sternhaufen, offene.*

Parallaxe. Der Winkel, unter dem eine astronomische Einheit – die mittlere Entfernung von der Erde zur Sonne – von einem nahen Stern aus gesehen erscheint. Astronomen messen interstellare Entfernungen, indem sie benachbarte Sterne von verschiedenen Seiten der Erdbahn photographieren und die Verschiebung messen, die diese Veränderung der Perspektive in ihrer scheinbaren Lage gegenüber dem Hintergrund entfernterer Sterne bringt.

Parsec. Eine Entfernungseinheit, die 3,26 Lichtjahren entspricht. Der Name ist eine Abkürzung für Parallaxen-Sekunde und entspricht der Entfernung, aus der eine astronomische Einheit – die mittlere Entfernung zwischen Erde und Sonne – unter einem Winkel von einer Bogensekunde gesehen wird. Astronomen benutzen gewöhnlich der Einfachheit zuliebe eher das parsec als das Lichtjahr als Einheit der Entfernung, und einige möchten das letztere sogar ganz aus dem astronomischen Vokabular tilgen. Beide Einheiten sind jedoch auf die Erdbahn bezogen, also nach transstellarem Standard willkürlich.

Planet. Ein Körper, der einen Stern umläuft und mit dem an ihm reflektierten Licht leuchtet. Möglicherweise gibt es Planeten mit einer Masse, die fünfzigmal so groß ist wie die des Jupiters. In noch massereicheren Objekten würden Kernprozesse in Gang gesetzt, und sie würden Sterne werden. Eine untere Grenze dafür, daß ein Körper ein Planet genannt werden kann, ist noch nicht festgelegt worden, weil die Frage sich hier im Sonnensystem nicht gestellt hat und es uns noch nicht möglich ist, Planeten anderer Sterne zu beobachten. Im Sonnensystem wird die Bezeichnung ‹kleinerer Planet› oder ‹Planetoid› oder ‹Asteroid› auf Tausende kleinerer Körper angewandt, die die Sonne umlaufen und die alle kleiner sind als der kleinste Planet, Pluto. Kometen sind Gegenstände mit noch geringerer Dichte, die die Sonne zumeist in sehr großen Abständen umlaufen.

Planetarische Nebel. Eine Gashülle, die von einem Stern in den Raum hinausgeschleudert wurde, weil er den größten Teil seines Wasserstoffenergievorrats aufgebraucht hat, wodurch sein inneres Gleichgewicht verlorenging. Siehe *Nebel.*

Pole, galaktische. Die Achse des Milchstraßensystems. Sie wird durch eine imaginäre Linie definiert, die durch den Kern der Galaxis senkrecht zu ihrer Ebene geht.

Proton. Ein schweres subatomares Teilchen mit positiver Ladung, das im Kern von Atomen angetroffen wird.

Pulsar. Siehe *Neutronenstern.*

Quasar. Ein blauer Lichtpunkt (von der Größe eines Stecknadelkopfes), der aussieht wie ein Stern (darum heißt er so: Quasar ist eine Abkürzung für quasi-stellares Objekt), aber sehr stark rotverschoben ist, womit angezeigt ist, daß er in dem sich ausdehnenden Universum sehr weit entfernt ist. Quasare sind wahrscheinlich die Kerne junger Galaxien, die während oder unmittelbar nach ihrer Bildung ein sehr heftiges Stadium durchmachen. Diese Theorie wurde durch die Entdeckung von weit entfernten Galaxien mit hellen Kernen, die Quasaren stark ähneln, bestätigt.

Radio. Elektromagnetische Strahlung mit relativ niedriger Frequenz und großer Wellenlänge. Das Universum ist überreich an natürlicher Radioenergie; der größte Teil wird durch Atome in interstellaren Wolken erzeugt und von Elektronen, die durch magnetische Felder im Raum beschleunigt werden. Siehe *Spektrum.*

Radiogalaxie. Eine Galaxie, die ungewöhnlich viel Energie im Radiowellenbereich ausstrahlt.

Radiowellen. Siehe *Radio* und *Spektrum.*

Rattenschwanzgalaxie. Ein Galaxienpaar, dessen Wechselwirkung viele Sterne und viel interstellares Material in Form von ausgedehnten Federn oder Schwänzen freigesetzt hat.

Raum-Zeit-Kontinuum. Siehe *Relativität, Theorien der.*

Relativität, Theorien der. Zwei physikalische Theorien, die von Einstein geschaffen wurden und zum Teil auf der Erkenntnis beruhen, daß dann, wenn kein universell vorgegebenes Bezugssystem existiert, das Bezugssystem eines jeden Beobachters als gleichwertig zu jedem anderen angesehen werden muß. Die spezielle Theorie betrifft Körper, die sich zueinander gleichförmig bewegen; sie leitet Folgerungen her wie die Äquivalenz von Masse und Energie ($E = mc^2$) und die scheinbare Veränderung von Masse, Form und Geschwindigkeit von Körpern, die sich relativ zum Beobachter bewegen. Die allgemeine Theorie, Einsteins Gravitationstheorie, betrachtet Ereignisse in einem vierdimensionalen Raum-Zeit-Kontinuum, in dem sich Sterne und Planeten auf Geodätischen – den kürzesten Verbindungen zweier Punkte – bewegen. Zu ihren vielen Vorzügen gehört, daß der Begriff der ‹Schwerkraft› nicht gebraucht wird.

Ringgalaxie. Eine Galaxie, die etwa wie ein Rauchring aussieht. Sie scheint ein Übergangsstadium im Leben einer normalen Galaxie darzustellen, das durch Störungen des Gravitationsfeldes zustande kommt, wie sie bei Zusammenstößen mit einer kleineren Galaxie auftreten können.

Röntgenstrahlen. Hochfrequente, kurzwellige elektromagnetische Strahlung. Bekannte kosmische Quellen für Röntgenstrahlung sind heiße intergalaktische Gaswolken und vermutlich schwarze Löcher. Siehe *Spektrum.*

Rotverschiebung. Eine Verschiebung der Spektrallinien im Licht von Sternen oder Galaxien zum roten Bereich oder zu niedrigerer Frequenz des Spektrums. Rotverschiebungen im Spektrum von Galaxien sind als Ausdruck der Geschwindigkeit gedeutet worden, mit der die Galaxien sich bei der Ausdehnung des Universums voneinander weg bewegen. Siehe *Spektrum.*

Rückblickzeit. Dieser Ausdruck wird benutzt, um darauf hinzuweisen, daß wir weit entfernte astronomische Objekte so sehen, wie sie waren, als ihr Licht sie vor langer Zeit verließ. Eine Galaxie, die 100 Millionen Lichtjahre von uns entfernt ist, erscheint uns so, wie sie vor 100 Millionen Jahren war, während ein Quasar mit einer Rückblickzeit von 10 Milliarden Lichtjahren so gesehen wird, wie er vor 10 Milliarden Jahren war, als das Weltall vielleicht nur halb so alt war wie heute.

Satellitengalaxie. Eine kleine Galaxie, die eine große umläuft. Die Magellanschen Wolken sind die größten der vielen Satellitengalaxien unseres Milchstraßensystems.

Scheibe. Der abgeflachte Teil einer Spiralgalaxie, der Milliarden Sterne und große Mengen interstellaren Materials beheimatet. Siehe *Spiralgalaxie.*

Schwarzes Loch. Ein Körper, der so stark zusammengedrängt ist, daß er sogar sein eigenes Licht gefangen hält. Ein schwarzes Loch entsteht, wenn ein zusammenfallender Stern oder ein anderer Körper sich in ein Gravitationsfeld verwikkelt, das stark genug ist, um nur Teilchen hinauszulassen, die schneller sind als das Licht. Obwohl der Ausdruck romantische Vorstellungen von ‹Löchern im Raum› weckt, ist ein schwarzes Loch im Grunde eine recht gewichtige Sache.

Schwere. Die allgemeine Anziehung von Massen zueinander. Wie Licht und andere Strahlung nimmt die Schwerkraft mit dem Quadrat der Entfernung ab, so daß also dann, wenn die Entfernung zweier Galaxien sich verdoppelt, ihre Gravitationsanziehung auf ein Viertel des ursprünglichen Wertes verringert wird.

Seyfert-Galaxie. Eine Galaxie mit einem ungewöhnlich hellen Kern, die stark im Bereich des blauen und ultravioletten Lichts strahlt. Etwa ein Prozent der Hauptgalaxien gehören zu dieser Kategorie.

Sichtbares Licht. Siehe *Spektrum.*

SO-Galaxie. Eine Galaxie, die wie eine Spiralgalaxie geformt ist, aber keine Spiralarme hat.

Spektroskop. Ein Apparat, der Licht oder andere Strahlung in die Frequenzen, aus denen es besteht, zerlegt. Siehe *Spektrum.*

Spektrum. Elektromagnetische Strahlung, die nach ihrer Wellenlänge sortiert ist. Im Gegensatz zu mechanischen Wellen können sich elektromagnetische Wellen im leeren Raum fortpflanzen. Ihre Wellenlängen reichen von dreißig Kilometern für Radiowellen bis zu 15 billionstel Zentimeter für einige Gammawellen. Elektromagnetische Energie wird in der Reihenfolge von längeren zu kürzeren Wellenlängen bezeichnet als: Radiowellen, Mikrowellen, infrarotes Licht, sichtbares Licht, ultraviolettes Licht, Röntgenstrahlen und Gammastrahlen. Radioteleskope untersuchen die elektromagnetische Strahlung der ersten beiden Gruppen, optische Teleskope die nächsten drei, und Detektoren auf Satelliten werden zur Beobachtung der Röntgen- und Gammastrahlung eingesetzt. Im gewöhnlichen Sprachgebrauch bedeutet ‹Spektrum› meist die Zerlegung des Lichts: Spektra werden bei der Untersuchung der Zusammensetzung und des Verhaltens von Sternen und anderer astronomischer Objekte eingesetzt.

Spiralarm. Das leuchtende Spiralmuster in den Scheiben von Spiralgalaxien, das ihnen den Namen gab. Spiralgalaxien haben meistens zwei Hauptarme, obwohl diese in außerordentlich feine Muster zergliedert sein können. Siehe *Dichtewelle* und *Spiralgalaxie.*

Spiralgalaxie. Eine Galaxie mit einer abgeflachten Scheibe, an die Spiralarme angeheftet zu sein scheinen. Außer Sternen enthält die Scheibe interstellare Wolken aus Gas und Staub. Die Spiralarme sind leuchtende Gebiete innerhalb des interstellaren Mediums, in denen die Wolken so stark zusammengepreßt sind, daß sie die Bildung neuer Sterne auslösen, deren Licht wiederum das Muster der Arme deutlich werden läßt.

Spiralnebel. Eine Spiralgalaxie. Der Ausdruck ist ein Anachronismus, der aus den Tagen stammt, in denen die Galaxien noch nicht in Einzelsterne aufgelöst werden konnten und es ungewiß war, ob sie unabhängige Galaxien wären oder Gaswirbel innerhalb unserer eigenen Galaxis. Siehe *Nebel.*

Stern. Ein selbstleuchtender Körper aus Gas, der so stark zusammengepreßt ist, daß in seinem Kern Kernfusionen stattfinden können.

Sternbild. Ein Gebilde von Sternen am Himmel, die üblicherweise als die Umrisse einer erkennbaren Figur oder eines Symbols gesehen werden. Aus Gründen der Bequemlichkeit teilen moderne Sternkarten den ganzen Himmel in Sternbilder ein. Aber diese Sternbilder oder Konstellationen haben wenig Bedeutung für die Astrophysik, denn sie sagen uns nur, wo ein Stern am Himmel ist, nicht wie er sich in Beziehung zu anderen im wirklichen Raum befindet. Die Gürtelsterne des Orions sind zum Beispiel etwa 1600 Lichtjahre entfernt, während die Entfernung zu dem Stern Betelgeuse in Orions rechter Schulter nur 520 Lichtjahre beträgt und Rigel, sein linker Fuß, 900 Lichtjahre entfernt ist.

Sternentwicklung. Die Entwicklung eines Sterns von seinem Ursprung als Protostern oder aus einem vor kurzem zusammengebrochenen Gasball durch seine ganze Laufbahn hindurch, bis er aus Mangel an Wasserstoff und Helium, die ja sein Brennstoff sind, in die Dunkelheit versinkt. Für einen normalen Stern wie unsere Sonne dauert dieser Vorgang Milliarden Jahre, wovon die meisten in der von den Astrophysikern so genannten ‹Hauptreihe› verbracht werden, in der der Stern ein stabiles Gleichgewicht zwischen den Gravitations- und Strahlungskräften in seinem Inneren aufrechterhält. Wenn sein Brennstoff erschöpft ist, verläßt ein Stern mit etwa Sonnenmasse die Hauptreihe und dehnt sich gewaltig zu einem ‹roten Riesen› aus. Der Ausdruck ‹Entwicklung› wird von einigen Forschern kritisiert, die darauf hinweisen, daß Sterne nicht einer Auslese im Sinne Darwins ausgesetzt sind, aber er bleibt nützlich bei der Diskussion von Vorgängen im großen, wenn auch nicht für die Entwicklung von Einzelsternen.

Sternhaufen, galaktische. Siehe *Sternhaufen, offen.*

Sternhaufen, kugelförmige. Eine kugelförmige Ansammlung von Sternen, die kleiner ist als eine Galaxie. Viele Kugelsternhaufen werden in der Korona, die Galaxien umgibt, gefunden.

Sternhaufen, offene. Eine Ansammlung von Sternen, die kleiner, lockerer organisiert und jünger ist als ein Kugelsternhaufen. Die meisten offenen Haufen bestehen aus Sternen, die sich gleichzeitig bildeten und dazu bestimmt sind, sich im Raum zu verstreuen, wenn der Haufen sich langsam auflöst. Offene Haufen werden in den Scheiben von Spiralgalaxien gefunden, in denen sich Sterne bilden, und werden deshalb manchmal ‹galaktische› Haufen genannt.

21-Zentimeter-Strahlung. Energie, die spontan von freien Wasserstoffatomen ausgestrahlt wird. Die 21-Zentimeter-Strahlung liegt im Radiobereich des elektromagnetischen Spektrums bei 1400 Megahertz. Viele Atomsorten sind auf Grund ihrer spontanen Energieemissionen entdeckt worden; da Wasserstoff im Weltall das häufigste Element ist, ist die 21-Zentimeter-Strahlung in der Astronomie besonders nützlich. Da die Wellenlänge der Strahlung sehr genau ist, kann die Geschwindigkeit von Gaswolken durch die Messung von Dopplerverschiebungen ihrer Radiostrahlung gemessen werden.

Superhaufen. Eine Ansammlung von Haufen von Galaxien. Superhaufen scheinen nicht durch die Gravitation zusammengehalten zu werden und werden deshalb anscheinend auseinandergezogen oder aufgelöst, wenn das Universum sich weiter ausdehnt. Siehe *Haufen.*

Supernova. Eine Sternexplosion. Supernovae sind ungeheuer mächtige Ausbrüche, die mindestens zehntausendmal und bis zu einer Million Male so gewaltig sind wie Novaausbrüche. Der größte Teil der Masse eines Sterns wird in den Raum hinausgeblasen, und zurück bleibt nur ein dichter ascheähnlicher Kern. Supernovae kommen vor, wenn ein massereicher Stern keinen Brennstoff mehr hat, den Strahlungsdruck, der ihn im Gleichgewicht hielt, nicht mehr aufrechterhalten kann und deswegen zusammenfällt. Dabei erzeugt er solch extreme Hitze und soviel Druck im Kern, daß der Stern wie eine riesige thermonukleare Bombe detoniert.

Supernova-Rest. Die bei der Explosion eines Sternes als Supernova in den Raum geschleuderte Materie. Diese oft sehr massereichen Reste bleiben manchmal im optischen Bereich und im Radiobereich viel länger wahrnehmbar als nur die wenigen 10000 Jahre, die ein typischer planetarischer Nebel überlebt. Siehe *Supernova.*

Teleskop. Ein Apparat zum Sammeln und Fokussieren von Energie, mit dem entfernte Gegenstände untersucht werden können. Teleskope werden entsprechend der Wellenlängen der Strahlung konstruiert, die sie auffangen sollen. Große optische Teleskope benutzen Glasspiegel, um das Licht zu sammeln. Radioteleskope sammeln die viel längeren Wellen der Radiostrahlung mit einer Metallplatte oder einem Drahtnetz.

Ultraviolettes Licht. Elektromagnetische Energie mit höherer Frequenz als sichtbares Licht, das gerade neben dem blauen Ende des sichtbaren Spektrums liegt. Extrem heiße Sterne wie solche, die kürzlich als planetarische Nebel ihre Hüllen abstießen und zum Stadium der weißen Zwerge zusammenfielen, sind hervorragende Quellen ultravioletter Energie. Siehe *Spektrum.*

Universum. Weltall Alles. Vergleiche *Kosmos.*

Unregelmäßige Galaxie. Eine ungeordnet aussehende Galaxie, die wenig von der Symmetrie elliptischer oder spiraliger Galaxien zeigt. Die meisten unregelmäßigen Galaxien sind Zwerge. Oft sind sie Satelliten größerer Galaxien.

Veränderlicher Stern. Ein Stern, dessen Helligkeit sich periodisch verändert. Es gibt viele Arten veränderlicher Sterne, und einige sind für die Astronomen als Entfernungsanzeiger besonders nützlich. Siehe *Cepheiden – veränderliche Sterne.*

Wasserstoff. Die einfachste und masseärmste Atomsorte, die normalerweise aus einem Proton und einem Elektron besteht. Wasserstoff ist bei weitem das häufigste Element des Universums. Wenn eine Wasserstoffwolke ionisiert wird – das heißt, wenn viele ihrer Atome Elektronen gewonnen oder verloren haben, wie es geschieht, wenn die Strahlung eines nahen Sternes sie energiereicher macht –, wird sie in der Astronomie ein H-II-Gebiet genannt; H II ist das chemische Symbol für ionisierten Wasserstoff. Helle Nebel wie der Orionnebel in der Milchstraße und der Tarantelnebel in der Großen Magellanschen Wolke sind H-II-Gebiete.

Wechselwirkende Galaxien. Zwei oder mehr Galaxien, die nah genug zusammengetrieben wurden, daß ihre Gravitationswechselwirkung sich deutlich zeigen kann, etwa in Verzerrungen der Form der Systeme oder dem Austausch oder dem Ausstoßen von Sternen.

Wolke. Ein anderer Name für einen Galaxiehaufen. Informell wird er auch für interstellare Materie innerhalb einer Galaxie gebraucht, wie bei der ‹Dunkelwolke im Monoceros›. Die Magellanschen Wolken sind Galaxien.

Zeitdehnung oder Zeitdilatation. In der Relativitätstheorie bezeichnet dieser Begriff die Verlangsamung des Zeitablaufs an Bord eines Weltraumschiffes oder eines anderen Objektes, das sich mit einer Geschwindigkeit, die der des Lichts nahekommt, relativ zu seinem Heimathafen bewegt. Die Zeitdilatation erreicht 50 Prozent bei etwa 90 Prozent der Lichtgeschwindigkeit und wächst dramatisch an, wenn die Geschwindigkeiten größer werden. Es würde ungeheure Energiemengen brauchen, auch nur ein kleines Schiff zu Geschwindigkeiten zu beschleunigen, die denen des Lichts nahekommen.

Zentralbereich. Der elliptische Bereich in der Mitte einer Spiralgalaxie, der etwas dem Eigelb in einem Spiegelei ähnelt. Er wird auch Linse genannt.

Zwerggalaxie. Eine kleine schwache Galaxie. Zwerggalaxien sind nur schwer genau zu definieren; sie sind kleiner als Hauptgalaxien wie die Milchstraße, aber größer als Kugelsternhaufen.

Zwergstern. Diesen eine Verkleinerung vortäuschenden Begriff verwenden Astrophysiker ganz allgemein bei den meisten normalen Sternen wie unserer Sonne. Meistens wird er durch einen Zusatz wie schwarzer Zwerg oder weißer Zwerg ergänzt; damit sind dann entartete Sterne gemeint, die zu einer Größe, die der der Erde vergleichbar ist, zusammengefallen sind.

REGISTER

H

I

J

K

L

M

N

O

P

Q

R

S